KB001338

어느 수학자의 변명

어느 수학자의 변명

G.H. 하디 / 지음
정 회 성 / 옮김

세시

수학을 너무도 사랑한 수학자 – G.H. 하디

　20세기 초 영국의 대표적 수학자였던 고드프레이 헤롤드 하디는 과학이 문화의 중요한 축으로 자리잡던 빅토리아 시대의 후반기에 해당하는 1877년에 검소하면서도 학문적 분위기가 넘치는 가정에서 태어났다.

　어린 시절의 하디는 모든 과목에 걸쳐 수석을 차지할 정도로 대단히 영리한 소년이었다. 하지만 상을 받기 위해 동료 학생들 앞에 나서는 일을 꺼려하던 내성적인 성격의 소유자였다.

　하디는 12살 때 당시 수학 분야에서 이름을 떨쳤던 중등 사립학교인 윈체스터에 장학금을 받고 입학했다. 그리고 나중에는 케임브리지 대학의 유명한 트리니티 칼리지에 입학했으며, 1899년에는 케임브리지의 수학 졸업시험을 수석으로 통과했다.

　그런 다음 22살에 트리니티 칼리지의 펠로(특별 연구원)가 되었고, 1906년부터 그곳에서 수학을 강의했다. 그

러다 1919년 옥스퍼드 대학의 기하학 전공 살리비언 교
수좌로 자리를 옮겼으며, 1931년에는 다시 케임브리지로
돌아와서 순수 수학의 세들레리안 교수좌로 임명된 뒤
은퇴할 때까지 자리를 지켰다.

하디는 무한급수와 특이적분의 수렴에 대한 자신의 초
기 연구를 기초로 1908년에《순수 수학의 강의 course in
pure mathematics》를 저술했다. 이 책은 해석학의 대표적
인 저서로 손꼽히는데, 그런 만큼 오랫동안 대학 교재로
사용되어 왔다.

하디는 다른 사람과의 공동 연구로도 수학계에서 유
명한 인물이다. 1911년 리틀우드(John E. Littlewood,
1885~1977)와의 만남을 시작으로 두 사람의 공동 연구는
35년 동안이나 지속되었다. 그는 리틀우드와의 공동 연
구를 통해 하디_리틀우드 정리, 웨링과 골드바흐 문제,
디오판투스 근사법, 소수 정리 제타 함수 등에 대한 많
은 업적을 남겼다.

그리고 1913년에는 수학을 독학으로 터득한 인도 출
신의 천재 수론학자인 라마누잔(Srinivasa Ramanujan,
1887~1920)을 발견하고, 그를 케임브리지로 데려왔다.
그리하여 라마누잔이 1920년 32살의 젊은 나이로 사망할

때까지 수 년 동안 공동 연구를 수행했다.

하디 자신은 라마누잔과의 만남을 그의 생애에서 가장 낭만적인 사건으로 회고하기도 했다. 대수학자 하디, 그리고 그가 천재라 불렸던 두 명의 수학자와의 극적인 만남은 과학의 역사에서 좀처럼 발견하기 어려운 공동 연구의 중요한 사례로 손꼽히고 있다.

《어느 수학자의 변명》은 하디가 말년에 자신의 수학적 창조력이 쇠퇴해감을 느끼면서 저술한 회고록 성격의 책이다. 따라서 독자들은 스스로 창조성을 상실했다고 고백하는 대수학자의 독백을 접하면서 약간은 서글픈 심정으로 이 책을 읽게 될 것이다.

이 책은 1940년에 초판이 발간되었는데, 1부터 29까지 번호가 붙여진 수필 형식을 갖춘 짧은 글들의 묶음으로 구성되어 있다. 이 책의 분량은 1백 페이지가 채 못 될 만큼 짧다. 그러나 마치 깔끔한 수학적 정리를 연상시키듯 군더더기 없이 간결하게 정선된 용어로 진술되어 있어서 인상이 매우 강렬하다.

실제로 하디는 수학에 대한 자신의 주장을 수학의 증명과 유사한 방식으로 전개하고 있다. 하디에게 있어서 수학의 핵심은 심미적 **아름다움**이었는데, 그래서인지 그는 끊임없이 수학을 예술과 비교하고 있다.

하디는 주장한다.

"나는 수학에 흥미를 갖지만 그것은 창조적 예술로서의 수학이다."

요컨대 수학은 아름다운 것이어야 하고, 그런 의미에서 수학은 미술이나 음악, 그리고 시와 본질적으로 다르지 않다는 것이다. 수학자의 패턴도 화가나 시인의 그것과 마찬가지로 **아름다워야 한다**는 것이 그의 일관된 주장이다.

그는 색채나 단어와 같이 아이디어도 조화로운 방식으로 어울려야 한다고 말한다. 하지만 그에게는 그 무엇보다도 아름다움이 첫번째 관건이다. 하디의 입장에서 보면 추한 모습의 수학이 영원히 자리잡을 곳은 이 세상그 어느 곳에도 존재하지 않는다.

하디가 수학의 또 다른 핵심적 특징으로 파악한 것은바로 **진지함**이다. 체스는 그 핵심과 기법에 있어서 매우수학적이기는 하지만 본질적으로 진지함, 즉 중요성이결여되어 있다는 것이 그의 지적이다.

수학은 그 자체로서 뿐만 아니라 피타고라스, 유클리드, 뉴턴, 아인슈타인과 같이 다른 과학에까지 중요한

발전을 가져왔다. 물론 이 경우에도 수학적 정리의 **진지**
함은 그것이 이끌어낸 실제적 결과에 있는 것이 아니라
그것과 관련된 수학적 아이디어가 갖는 의미에 있다.

하디는 수학과 과학을 분명하게 구분하고 있다. 특
히 그는 과학과 구별되는 수학의 특징으로 **일반성**을 들
고 있다. 하디는 "수학의 확실성은 전적으로 추상적인
일반성에 달려 있다."라는 화이트헤드(A.N. Whitehead,
1861~1947)의 말을 인용하면서, 그 본질상 추상적일 수
밖에 없는 순수 수학은 추상적인 만큼 더욱 큰 일반성
을 갖게 된다고 말한다. 아울러 그는 참된 수학은 전쟁
에 자주 사용되는 과학처럼 인류 문명을 향한 파괴력으
로 작용되지 않는다는 주장도 함께 펼치고 있다.

참된 수학과 사소한 수학의 차이

하디는 수학을 크게 두 가지로 구분한다. 참된 수학과
사소한 수학이 그것이다. 먼저 참된 수학은 순수 수학을
지칭한다. 그리고 사소한 수학은 응용 수학을 의미한다.

하디는 참된 수학의 예로 수론과 상대성이론을, 사소
한 수학의 예로는 탄도학과 항공역학 등을 들고 있다.

그러면서 그는 "수론이나 상대성이론 가운데에서 전쟁에 도움이 되는 점을 찾아낸 사람은 아직 없고, 그렇게 할 사람이 금방 나올 것 같지도 않다. 응용 수학의 분야에는..... 그들은 정말로 역겹고 추하고 참을 수 없이 어리석다."라고 까지 주장한다.

물론 하디의 이런 주장은 정당화되기 어렵다. 1940년의 하디는 1945년의 원자폭탄을 경험하지 못했고, 이 때문에 상대성이론에 내재하는 가공할 파괴적 응용성을 예견하지 못했던 것이다.

이런 측면에서 볼 때 순수 수학에 대한 하디의 일방적 옹호는 지나친 감이 없지 않아 있다. 하디는 또 사소한 수학의 대표적 예로 호그벤(L. Hogben, 1895~1975)을 지목하면서, "그는 참된 수학에 대해서는 거의 어떤 이해도 하지 못했고, 그에게 있어 참된 수학이란 단지 경멸적인 동정의 대상일 뿐이다."라고 강하게 비판하고 있다.

호그벤은 당시 《백만인을 위한 수학》이라는 유명한 대중적 수학 교재를 집필한 생물학자로, 통계학과 과학의 전 분야에 걸쳐서 폭넓은 교육 · 연구 · 계몽 활동을 펼쳤던 대표적인 과학 사상가이다.

사회주의를 신봉하는 전문 과학자로서의 호그벤은 **과**

학적 인본주의 라는 자신의 삶의 목표를 실현하기 위해 대중 계몽을 위한 수학책을 집필했는데, 이는 수학의 사회적 유용성을 강조한 것이었다.

순수 수학이 삶의 모든 것이었던 하디의 눈에 호그벤은 분명 수학의 이단자로 비춰졌으리라. 하지만 호그벤에 대한 그의 비판은 수학, 특히 수학 교육의 목표에 대한 한 단면을 드러내 보이는 것으로서 아직도 심각한 논쟁거리임에 틀림이 없다.

하디에게 순수 수학에 주어지는 유용성에 대한 시비는 중요한 문제가 아닐 수 없었다. 그는 순수 수학은 응용성에 기초해 평가되어서는 안 되고, 그것이 지닌 패턴과 아름다움으로 판단해야 하며, 진정한 수학은 만약 그것이 변호될 수 있다면 예술로서 변호되어야 한다고 주장한다.

어쩌면 **수학은 아름답거나, 수학은 예술이어야 한다** 는 식의 하디의 주장은 수학자만의 독선으로 들릴지도 모른다. 하지만 하디는 이 책을 통해 진정한 수학의 의미와 수학의 가치를 전문 수학자의 입장에서 말하고 있다. 이런 측면에서 볼 때 《어느 수학자의 변명》은 학문에 대한 진지한 태도와 수학에 대한 깊은 애정, 그리고 학자의 삶과 긍지가 무엇인지에 대해 우리로 하여금 곰곰이 생각하게 만드는 책임에 틀림이 없다.

어느 수학자의 변명

1

전문적인 수학자가 수학에 대한 글을 쓰고 있는 자신을 발견한다는 것은 우울한 경험이다. 수학자의 본분은 무언가 새로운 정리를 증명하면서 수학을 발전시켜 나가는 것이지, 자신이나 다른 수학자들이 이루어 놓은 것에 대하여 왈가왈부하는 것이 아니다.

정치가가 정치 기자들을 경멸하고 예술가가 미술 평론가들을 혐오하는 것처럼 생리학자, 물리학자, 수학자들도 대개 비슷한 감정을 품고 있다. 창조하는 사람이 해설하는 사람에 대해 갖는 경멸감은 무엇보다 의미심장하고 명백히 정당한 것이다. 설명이나 비평, 평론 등은 이류급 인간들이 하는 일이다.

나는 하우스먼[1]과 몇 차례 진지하게 대화를 나누던 중이 문제에 대해 논쟁을 벌인 적이 있다.

하우스먼 은 '시의 명칭과 본질(The Name and Nature of Poetry)'이라는 제목의 레슬리 스티븐의 강연에서 스스

---

1) A.E. Housman, 1859~1936, 영국의 시인이자 학자. 절제되고 소박한 문체로 낭만적 염세주의를 표현한 서정시를 썼다.

로 **평론가**가 아님을 단호히 주장했다. 하지만 내게 그의 이러한 주장은 대단히 비뚤어지고 왜곡된 것으로 보였다. 또한 그가 문학 비평에 대해 찬탄하는 태도를 보여 나는 기가 막히고 분통이 터졌다.

하우스먼은 22년 전 자신이 했던 케임브리지 대학교 취임 기념 공개 강의의 한 대목을 인용하는 것으로 이야기를 시작했다.

"문학 평론에 대한 재능이 하느님이 보물 창고에서 꺼내준 최고의 선물이라고는 말할 수 없습니다. 하지만 확실히 하느님 자신은 그렇게 생각하고 있는 것 같습니다. 문학 평론의 재능이야말로 가장 얻기 힘든 것이기 때문입니다. 이 세상에 연설가나 시인은 블랙베리보다는 흔치 않지만 핼리 혜성의 귀환보다는 흔하지요. 문학 평론가는 연설가나 시인보다 더 흔치 않습니다……."

하우스먼은 계속해서 말을 이었다.

"지난 22년 동안 나는 어떤 면에서는 발전을 했고, 어떤 면에서는 퇴보를 했습니다. 그러나 문학 평론가가 될 만큼 발전하지도, 이미 스스로 평론가라고 생각할 만큼 퇴보하지도 않았습니다."

위대한 학자이자 훌륭한 시인이 이런 말을 한다는 것

에 나는 통탄을 금할 수 없었다. 몇 주 뒤, 학교 식당에서 그와 마주친 나는 단도직입적으로 물었다.

"당신이 한 말은 진심이었습니까? 정말 우수한 평론가의 삶이 시인이나 학자의 삶에 비견될 수 있다고 생각하는 겁니까?"

우리는 저녁을 먹는 내내 이러한 의문들에 관해 논쟁을 벌였다. 그리고 지금 생각하건대 결국 그도 내 의견에 수긍했던 것 같다. 나는 더 이상 내게 반박하지 못하는 상대를 두고 논리적으로 승리했다고 주장하고 싶지는 않다. 그러나 결론적으로 나의 첫번째 질문에 대한 그의 대답은 "꼭 그랬던 건 아니다"였고, 두번째 질문에 대한 대답은 "아닌 것 같다"였다.

하우스먼의 감정에는 의문의 여지가 있을지도 모른다. 나 역시 그를 반드시 내 편으로 끌어들이고 싶지는 않다. 그러나 과학자들의 감정에 관한 한 추호의 의심도 없으며, 그들에게 전적으로 동감하는 바이다. 지금 내가 수학 자체가 아닌 수학에 **관련된** 이야기를 쓰고 있는 것은, 내 약점에 대한 고백이다.

나보다 젊고 열정적인 수학자들이 내 약점을 비난하거나 동정한다고 해도 그것은 당연한 것이다. 내가 수학에 관련된 글을 쓰는 이유는, 나이 예순을 넘긴 여타의 수학자들과 마찬가지로, 더 이상 내게 명료한 정신과 에너지, 또는 직무를 효과적으로 수행해낼 만한 인내심이 없기 때문이다.

2

 나는 조심스럽게 수학에 대한 변명을 시도하고자 한다. 혹자는 변명이 필요 없다고 말할지도 모른다. 좋은 이유로든 나쁜 이유로든 유용하고 훌륭한 학문으로서 수학만큼 대중에게 널리 인식된 학문은 드물기 때문이다. 아마도 이는 사실일 것이다. 아니, 사실일지도 모른다.

 아인슈타인이 선풍적인 인기몰이를 한 이래 대중의 평가에 있어 수학보다 우위에 있는 학문은 천문학과 전자물리학뿐이다. 수학자는 스스로 방어 자세를 취하지 않아도 된다. 수학자는 브래들리[1]가 자신의 저서 《현상과 실재 Appearance and Reality》의 서문에서 형이상학에 대한 옹호의 변을 멋지게 늘어놓았던 것처럼 누군가의 반대에 맞서야 할 일도 없다.

 브래들리의 말에 따르면, 형이상학자는 '형이상학적 지식은 전적으로 불가능하다'거나 '어느 정도 가능하다 할지라도, 실질적으로 이름을 붙일 만한 지식은 아니다'라

---

[1] F.H. Bradley 1846~1924. 영국의 철학자

는 말을 들을 것이다. 또한 '늘 똑같은 문제점에 대해 늘 똑같은 논쟁을 하고 결국에는 늘 똑같이 처참한 실패만을 맛볼 뿐이다. 그러니 그만 포기하고 집어치우는 게 어떠냐? 노고를 기울일 만한 다른 일은 없느냐?'는 말을 들을지도 모른다. 그러나 이와 같은 말들을 수학에 적용시킬 만큼 어리석은 사람은 없다.

대부분의 수학적 진리는 명백하고 당당하다. 교량이나 증기 기관, 발전기처럼 수학을 실질적으로 응용한 예는 수학에 가장 지루한 상상력을 발휘할 것을 강요한 결과물이다. 수학자는 대중에게 수학에 무언가가 있다고 설득하지 않아도 된다.

이 모든 사실이 수학자에게는 큰 위안이 될 것이다. 그러나 진정한 수학자는 이러한 사실에 결코 만족하지 않는다. 진정한 수학자라면 분명 현재의 조악한 성과물이 수학의 본 모습이 아니며, 오늘날 수학의 대중적 명성은 대부분 무지와 혼동에 근거하고 있으므로 보다 이성적으로 변론할 여지가 있다고 느낄 것이다. 어쨌든 나는 수학에 대한 변명을 하고 싶다. 이는 브래들리의 난해한 변명보다는 훨씬 더 단순한 변명이 될 것이다.

우선 나는 자문하고 싶다. 왜 수학이 진지하게 공부할

가치가 있는 학문인가? 수학자의 생애는 어떻게 정당화 될 수 있을까?

이 질문들에 대한 나의 답변은 여느 수학자들의 답변과 크게 다르지 않을 것이다. 수학은 진지하게 공부할 만한 가치가 있고, 수학자의 생애는 정당화될 이유가 충분히 많다. 하지만 내가 수학을 옹호하는 것은 곧 나 자신을 옹호하는 것이며, 따라서 수학에 대한 나의 변명은 어느 정도 자기중심적일 수밖에 없음을 밝히고자 한다. 만약 내가 나 자신을 수학의 실패작 가운데 하나라고 여긴다면, 수학에 대해 변명할 가치가 있다고 생각하지도 않았을 것이다.

위 질문과 관련하여 어느 정도의 자기중심주의는 불가피하며, 실제로 나는 이를 정당화할 필요가 있다고도 생각지 않는다. 위대한 작업은 **겸손한** 인간에 의해 이루어지지 않는다. 예를 들어, 어떤 학문이든 교수가 자기 전공 분야의 중요성과 그 분야에 있어서의 자기 자신의 중요성을 어느 정도 과장하는 것은 교수로서 해야 할 최우선 의무 가운데 하나이다.

"내가 하는 일이 과연 가치가 있을까?" "내가 그 일을 하는 데 적역일까?"라고 늘 자문하는 사람은 그 스스로 무능한 인간일 뿐 아니라, 다른 사람의 사기마저 꺾기 십상이다. 이런 사람은 눈을 슬쩍 감고 자기 자신과 자신의 전공 분야를 실제보다 좀더 가치 있는 것으로 부풀려 생각할 필요가 있다. 이는 결코 어려운 일이 아니다. 오히려 눈을 지나치게 꼭 감으면 자기 자신과 자기 전공이 더욱 우스워지므로 이 점에 더 주의해야 한다.

3

자신의 존재와 행동을 정당화시키려는 사람은 다음의 서로 다른 두 질문을 구별할 줄 알아야 한다.

첫번째 질문은 자신이 하는 일이 할 만한 가치가 있느냐는 것이다. 그리고 두번째 질문은 그 일의 가치가 무엇이든, 왜 그 일을 하느냐는 것이다.

첫번째 질문에 대해서는 대부분의 사람들이 무척 어렵게 생각하고 답변 또한 한심하다. 그러나 두번째 질문에 대해서는 대부분 쉽게 생각한다.

정직한 사람들의 경우, 답변은 크게 두 가지 유형으로 나뉠 수 있다. 그나마 두번째 유형은 첫번째 유형의 궁색한 변형에 지나지 않는다. 그러므로 여기서 우리가 주목해야 할 것은 첫번째 유형의 답변이다.

(1) "내가 현재 이 일을 하는 이유는 그것이 내가 잘할 수 있는 유일한 일이기 때문이다. 변호사이든 주식 중개인이든 크리켓 선수이든, 그 일을 하는 이유는 스스로 그 일에 특별한 재능이 있기 때문이라는 뜻이다. 즉, 변

호사는 본래 말솜씨가 좋고 미묘한 법률적 사안들에 관심이 있어서 변호사가 된 것이다. 주식 중개인은 시장 판도에 대해 빠르고 정확하게 판단하는 능력이 있어서 주식 중개인이 된 것이다. 크리켓 선수는 남보다 타격 솜씨가 월등히 뛰어나기 때문에 크리켓 선수가 된 것이다. 나도 시인이나 수학자가 되는 편이 더 나을지도 모른다는 사실에 동의한다. 그러나 안타깝게도 내게는 그 분야에 관한 재능이 전혀 없다."

나는 이것이 대부분의 사람들이 할 수 있는 자기 옹호의 변이라고 생각하진 않는다. 실제로 대부분의 사람들은 잘할 수 있는 일이 단 한 가지도 없기 때문이다. 이는 재능 있는 소수의 나름대로 이유 있는 변론이므로 더 이상 비난할 여지는 없다.

무언가를 비교적 잘할 수 있는 사람은 전체의 5~10% 정도이다. 그리고 무언가를 정말로 잘할 수 있는 사람은 극소수에 불과하다. 또한 잘할 수 있는 일이 두 가지 이상 되는 사람의 수는 언급할 필요조차 없을 것이다. 그러므로 어느 분야에 진정한 재능을 가진 사람은 그 재능을 최대한 개발하기 위해 어떠한 희생이라도 감내할 준

비가 되어 있어야 한다.

이는 존슨 박사[1]의 생각과도 일치한다.

내가 존슨(그와 이름이 같다)이 세 마리 말을 타는 것을 본 적이 있다고 말하자, 그는 이렇게 말했다.

"박사님, 그런 사람은 반드시 독려해 주어야 합니다. 그는 행동으로 인간 능력의 한계를 보여 주었으니까요 ······."

아마도 존슨 박사는 산악 등반가나 바다를 횡단하는 수영 선수, 눈을 가린 채 체스를 두는 사람들에게 박수 갈채를 보냈을 것이다. 내 경우 역시 무언가 특별한 것을 이루고자 시도하는 사람들에 대해 호의를 갖는 편이다. 심지어 나는 마법사나 복화술사에게도 호감을 갖고 있다.

체스 챔피언인 알레카인이나 전설적인 크리켓 선수 브래드먼이 신기록을 세우려다 실패하면 몹시 낙담하기까지 한다. 이 점에서 존슨 박사와 나는 대중들과 일치한다고 생각된다. 터너[2]의 솔직한 표현대로, **진정한 명인**을

---

1) Dr. S. Johnson. 1709~1784 영국의 시인 겸 평론가
2) W.J. Turner. 1884~1947. 영국의 시인 겸 소설가, 평론가

두고 감탄하지 않는 사람은 (불유쾌한 의미에서의) **지식인들** 뿐일 것이다.

물론 우리는 서로 다른 행위들 간의 가치의 차이를 인정해야만 한다. 내 경우, 정치가가 되느니 차라리 비슷한 위치의 소설가나 화가가 될 것이다. 명성을 얻기 위한 방법 중에는 우리들 대부분이 유해하다는 이유로 거부할 것들도 있다. 그러나 이러한 가치의 차이가 한 인간이 직업을 선택하는 데 결정적인 요인으로 작용하는 것은 매우 드문 일이다.

직업을 선택함에 있어 가장 큰 영향을 끼치는 것은 대부분 자신의 타고난 능력의 한계이다. 시는 분명 크리켓보다 더 가치가 있다. 그러나 만약 브래드먼이 이류 시인이 되기 위해 크리켓을 그만둔다면 그보다 더 어리석은 일은 없을 것이다(개인적으로 그가 크리켓보다 시 쓰는 데 더 재능이 있으리라고는 생각하지 않는다).

크리켓과 시의 가치 차이가 크지 않다면, 선택은 더욱 어려울 것이다. 나 역시 크리켓 선수나 시인이 되었을지도 모르겠다. 그러한 딜레마가 자주 생기지 않는다는 사실이 다행스러울 뿐이다.

여기서 내가 덧붙여 말하고 싶은 것은, 위와 같은 딜

레마가 특히 수학자에게는 거의 생기지 않는다는 점이다. 수학자와 보통 사람의 정신 체계가 서로 완전히 다르다는 주장은 다소 과장된 면이 없지 않다. 그러나 수학자가 지닌 재능이 가장 전문적인 능력 가운데 하나임은 부인할 수 없는 사실이다.

한 계층으로서의 수학자들은 일반적인 능력이나 다재다능함에 있어서 보통 사람들과 크게 다르지 않다. 진정한 수학자는 분명 자신이 할 수 있는 그 어떤 일보다 수학에 탁월한 재능을 보일 것이다. 그러므로 만약 그가 여타 다른 분야의 특별할 것도 없는 일을 하기 위해 자신이 가진 특별한 재능을 발휘할 신성한 기회를 포기한다면, 그보다 더 어리석은 짓은 없을 것이다. 그러한 희생은 오직 경제적 필요나 나이에 의해서만 정당화될 수 있다.

4

이쯤에서 나이에 관한 문제를 짚고 넘어가는 것이 좋을 듯싶다. 수학자에게 나이란 무척 중요한 의미를 갖기 때문이다.

모든 수학자들은 수학이 젊은 사람들을 위한 학문임을 알고 있다. 예술이나 과학 분야도 마찬가지겠지만, 이는 수학에서 더욱 절실한 현실이다. 비교적 초라한 수준의 간단한 예를 들자면, 로열 소사이어티[1]회원의 평균 연령을 비교했을 때 수학자들이 가장 젊다.

훨씬 더 충격적인 예를 찾는 일도 어렵지 않다. 예를 들어, 전 세계적으로 유명한 수학자 중 세 손가락 안에 꼽히는 한 인물의 이력을 살펴보자. 뉴턴(Issac Newton)은 50세에 수학을 포기했으며, 수학에 대한 열정을 잃은 것은 그보다 훨씬 이전이었다. 40세 무렵 그는 이미 자신의 창조적 두뇌가 유효 기간을 넘겼음을 깨달았다. 유율(流率), 중력 법칙 등 그의 위대한 아이디어들은 1666

---

1) The Royal Society, 영국 왕립 학회

년경에 밝혀진 것인데, 이때 그의 나이는 24세였다. 뉴턴은 스스로 이렇게 말했다.

"그 무렵 나는 발명의 최절정기에 있었고, 그때만큼 수학과 철학에 몰두했던 적이 없다."

뉴턴은 거의 40세 이전까지 굵직굵직한 발견을 했지만(타원형 궤도는 37세에 밝혀냈다), 그 뒤로는 새로운 것을 발견해 내는 대신 기존의 것들을 다듬고 보완하는 데 주력했다.

갈루아[1]는 21세에 요절했고, 아벨[2]도 27세에 세상을 떠났다. 라마누잔[3]은 33세에, 리만[4]은 40세에 각각 사망했다. 물론 훨씬 나이가 든 후에 훌륭한 업적을 쌓은 이들도 있다. 가우스의 미분 기하학에 관한 연구 논문이 출간된 것은 그의 나이 50세 때였다(물론 이 논문의 기본 틀은 그보다 10년 전에 잡힌 것이다).

내가 아는 한, 50세 이상의 수학자에 의해 중요한 수학적 진보가 이루어진 경우는 지금껏 단 한 번도 없었다. 어떤 사람이 어느 정도 나이가 되어 수학에 흥미를

---

1) E. Galois 1811~1832 프랑스의 수학자
2) N.H. Abel 1802~1829 노르웨이의 수학자
3) S. Ramanujan 1887~1920 인도의 수학자
4) G. B. Riemann, 1826~1866 독일의 수학자

잃고 포기한다고 해도, 그것이 그 사람 자신이나 수학의 발전을 위해서 그다지 심각한 영향을 미치지는 않는다고 나는 생각한다.

한편 수학을 포기함으로써 얻는 것 또한 특별할 것은 없다. 수학계를 떠난 전직 수학자의 말년에 관한 기록들을 살펴보면 대부분 우울한 것들뿐이다. 뉴턴은 조폐국 장관직[1]을 누구와도 다투는 일 없이 훌륭히 수행해 냈다. 팽르베[2]는 총리로서 그다지 성공적이지 못했다. 라플라스[3]의 정치 이력은 부끄럽기 짝이 없었지만, 이 경우는 좋은 예라고 할 수 없을 것이다. 그는 무능하다기보다 불성실했으며, 결코 수학을 완전히 **포기하지**는 않았기 때문이다.

결론적으로 훌륭한 수학자로서 수학을 포기한 후 기타 다른 분야에서 우수한 성과를 거둔 예는 찾아보기가 대단히 힘들다(그나마 파스칼이 가장 좋은 예라고 할 수 있을 것이다). 어쩌면 몇몇 젊은 사람들 중에는 연구에 악착같이 매달렸을 경우 훌륭한 수학자가 될 잠재력을

---

1) Master of the Mint. 영국의 조폐국인 로열 민트의 최고위직. 16세기~19세기에는 상당히 중요한 요직이었음.
2) P. Painlev? 1863~1933 프랑스의 수학자, 정치가
3) P.S. Laplace 1749~1827 프랑스의 수학자, 천문학자

가진 이들이 있었을지도 모른다. 그러나 지금까지 그럴 듯한 예를 들어본 적이 없다.

물론 이 모든 것은 오직 나 자신의 한정된 경험을 바탕으로 하는 이야기이다. 내가 아는 정말 재능 있는 젊은 수학자들은 모두 연구에 성실하게 매진하고 있다. 야망이 부족하기보다는 오히려 너무 많은 것이 탈인 그들은 의미 있는 삶을 위한 길이 어딘가에 분명히 존재함을 잘 알고 있다.

5

앞서 내가 전형적인 변명의 **궁색한 변형**일 뿐이라고 말했던 두번째 유형의 답변에 대해서 간단하게 몇 마디 짚고 넘어가자.

(2) '나는 특별히 잘할 수 있는 것이 한 가지도 없다. 현재 내가 하는 일은 그저 우연히 하게 된 것이다. 무언가 다른 것을 할 기회가 내겐 전혀 없었다.'

나는 위의 말 또한 결정적인 답변이라고 생각한다. 실제로 대부분의 사람들은 남보다 특별히 잘할 수 있는 일이 한 가지도 없다. 그렇다면 이들이 어떤 직업을 선택하느냐는 그다지 중요하지 않으며, 그 점에 대해 더 이상 언급할 말도 없다. 이는 상당히 결정적인 답변이지만, 자존심이 있는 사람이라면 결코 이런 식의 답은 하지 않을 것이다. 나는 우리들 중 누구도 이런 답변에 만족하지 않으리라고 믿는다.

6

이제 제 3장에서 제시했던 첫번째 질문에 대해 생각해 보자. 이는 두번째 질문보다 훨씬 까다로운 질문이다. 나를 포함한 여타 다른 수학자들이 의미하는 **수학**이란 정말 깊이 연구할 만한 가치가 있는 학문일까? 만약 그렇다면 그 이유는 무엇일까?

최근 나는 1920년 옥스퍼드 대학 교수로 취임했을 때 했던 첫 공개 강의 노트를 다시 읽어보았다. 그때 나는 강의의 서두 부분에서 수학에 대한 변명을 개괄적으로 다루었다. 그런데 노트 두어 장 분량에도 못 미치는 그 내용은 턱없이 부실했고, 당시에는 내 나름대로 **옥스퍼드식** 문체로 쓴다고 쓴 것이었겠지만 이제 와서 다시 읽어보니 특별히 자랑할 만한 것은 못 되는 것 같다.

이처럼 보완할 것이 한두 가지가 아니긴 하지만, 나는 그 노트에 문제의 핵심적 본질이 고스란히 담겨 있다고 생각한다. 본격적인 논의에 앞선 일종의 서두로서 당시의 강의 내용을 다시 한번 살펴보자.

(1) 우선 나는 수학이 **무해한** 학문이라는 점을 강조했다. 즉, 수학을 공부하는 일은 무익할지는 몰라도 완벽하게 무해하고 순수한 작업이라는 것이다. 지금도 이 생각에는 변함이 없다. 하지만 이 점에 관해 보다 자세한 설명이 반드시 필요할 것이다.

정말 수학은 무익한 학문일까? 몇 가지 면에서는 분명 그렇지 않다. 수학은 아주 많은 사람들에게 커다란 기쁨을 안겨 준다. 앞서 내가 **무익하다**고 표현했을 때의 **이익**은 좀더 좁은 의미의 것이었다. 그렇다면 수학이 화학이나 물리학 같은 다른 과학 분야만큼 **직접적으로** 유용한 학문인가? 이는 상당히 까다롭고 충분히 논란의 여지가 있는 질문이다.

몇몇 수학자들과 수학과 관련이 없는 대부분의 사람들은 이 질문에 대해 분명 그렇다 라고 답할 테지만, 나의 최종적인 대답은 **그렇지 않다**이다. 그렇다면 수학이 **무해한** 학문인가? 이 또한 딱 잘라 답하기 어렵다.

몇몇 이유로 나는 이 질문에 대한 답변을 회피하고 싶었다. 과학이 전쟁에 미치는 영향이라는 전반적인 문제가 제기될 수 있기 때문이다. 예를 들어, 화학은 분명 무해하기만 한 학문은 아니다. 이런 맥락에서 수학 역시 무해하다고 할 수 있을까? 이 두 가지 문제에 대해서는 나중에 다시 다루기로 한다.

(2) 계속해서 나는 이런 말을 했었다.

"우주의 규모는 엄청나다. 만약 우리가 시간을 소비하고 있는 것이라면, 대학 교수로서 일생을 소비하는 것이 그다지 대단한 참사는 아니다."

지금 생각해 보니, 이런 말을 하는 내가 남의 눈에는 지나치게 겸손하거나 겸손한 척하는 것처럼 보였을 것 같다. 사실 이 말은 진짜 내 마음속에 있던 말이 아니다. 다만 제 3장에서 길게 다루었던 문제들을 한 마디로 짧게 요약해서 말하려다 보니 그렇게 된 것이다. 나는 나를 포함한 대학 교수들이 조금씩 재능을 가지고 있으며, 그 재능을 완전히 발굴하고자 최선의 노력을 다하는 것은 결코 잘못된 일이 아니라고 믿었다.

(3) 마지막으로 나는 수학적 성과물의 영속성을 강조했다. (지금 생각해보면 괴롭게도 이때 다소 수사학적인 문장을 구사했던 것 같다.)

"우리는 하찮은 일을 하고 있는 것인지도 모른다. 그러나 이 일은 영속성이라는 특징을 가지고 있다. 시 한 구절이나 기하학적 정리 한 가지 같은 아주 사소한 것일지라도 세상에 영원히 존재할 무언가를 창조해내는 것은 대다수 인간들의 능력 한계를 뛰어넘은 엄청난 위업을 쌓는 일이다."

"고대와 현대의 학문이 서로 갈등을 빚고 있는 이즈음, 피타고라스에서 시작해서 아인슈타인으로 끝나지 않으면서도, 가장 오래된 동시에 가장 새로운 학문에 대해 제대로 된 평가가 반드시 이루어져야 한다."

이 모든 말들은 상당히 **수사학적**이다. 그러나 그 본질만큼은 여전히 유효하다. 기타 여러 가지 문제들에 대해 섣불리 판단하는 것을 유보한 채, 지금부터는 이 문제를 좀더 심층적으로 다루도록 하겠다.

7

나는 지금 이 글을 읽고 있는 모든 독자들이 전부터 자신만의 야심을 가지고 있었거나 현재 가지고 있을 거라고 믿는다. 인간의 첫번째 의무, 좀더 구체적으로 말해 젊은이의 첫번째 의무는 야심을 갖는 것이다. 야심은 고귀한 열정의 한 가지로, 여러 가지 형태를 갖는 것이 당연하다. 아틸라[1]나 나폴레옹의 야심에도 무언가 고귀한 점은 있었다. 그러나 가장 고귀한 야심이란 영속적인 가치를 남기는 것이다.

> 바다와 육지 사이
> 이곳 평평한 모래 위에
> 다가오는 어둠을 배경으로
> 무엇을 짓고 무엇을 써야 할까

---

1) 406?~453. 훈 족의 왕. 5세기 전반의 민족 대이동기에 트란실바니아를 근거로 주변의 게르만 족과 동고트 족을 굴복시켜 동쪽은 카스피해에서 서쪽은 라인 강에 이르는 대제국을 건설했다.

요동치는 저 파도를 견뎌낼 문자를
어떻게 새겨야 할지 말해 다오
광산보다 더 오래 버텨낼 요새를
어떻게 지어야 할지 말해 다오

 야심은 이 세상 인간이 이룩한 거의 모든 업적의 원
동력이 되어 왔다. 특히 인류의 행복을 위해 실질적으로
가치 있는 공헌을 한 이들은 모두 야심가들이었다. 예를
들어, 리스터[1]나 파스퇴르[2]를 야심가가 아니었다고 할
수 있을까? 이보다 조금 소박한 예를 들자면, 최근 들어
킹 질레트[3]와 윌리엄 윌렛[4]만큼 인류의 편이를 위해 커
다란 공헌을 한 사람은 없을 것이다.
 생리학은 명백히 **득이 되는** 학문으로서 특별히 좋은 예
가 될 수 있다. 우리는 과학에 대해 변명하는 사람들 가
운데 흔히 발견되는 오류를 반드시 경계해야 한다.
 그 오류란, 인류에게 유익한 일을 하는 사람들이 자신

---

1) J. Lister 1827~1912, 영국의 의사. 무균 수술의 창시자로서 외과 치료에 획기적인 발
  전을 이루었다.
2) L. Pasteur 1822~1895, 프랑스의 화학자, 미생물학자. 광견병의 예방 백신을 발견함.
3) King C. Gillette, 1855~1932 미국 질레트 사의 창업자. 세계 최초로 안전 면도기를
  개발해냈다: 옮긴이
4) William Willett 1857~1915 최초의 서머타임 제안자

의 일을 실제보다 더 대단한 것으로 생각하리라는 추측이다. 또한 예를 들어 생리학자가 특별히 고귀한 영혼을 갖고 있으리라는 추측도 잘못된 것이다. 물론 생리학자가 연구를 하는 과정에서 자신이 하는 일이 인류에게 유익하리라는 생각을 하면 기분이 좋아지는 것은 사실이다. 하지만 생리학자에게 연구를 위한 원동력과 영감이 되는 모티브는 고전 학자나 수학자의 경우와 다르지 않다.

한 인간을 연구에 골몰하도록 이끄는 동기에는 여러 가지 훌륭한 것들이 많이 있다. 그 중 가장 중요한 세 가지 동기는 다음과 같다.

첫번째는 지적인 호기심, 즉 진리를 알고자 하는 욕망이다(이것이 없으면 나머지 동기들은 모두 무의미하다). 두번째는 직업적인 자긍심, 자신의 성과물에 만족하고 싶은 열망, 자존심 강한 장인이 자기 재능에 미치지 못하는 작품을 만들어냈을 때 느끼는 자괴감이다. 마지막으로 세번째 동기는 야심, 명성을 얻고자하는 욕망, 높은 지위 그리고 그것이 가져다주는 권력과 재력이다.

자신이 무언가를 함으로써 다른 사람들이 더 행복해지거나 고통이 줄어든다면 물론 기분은 좋을 것이다. 하지만 그것이 당신이 그 일을 하는 궁극적인 이유가 되지는 않는다. 따라서 인류의 행복에 공헌하고픈 욕망이 연구의 원동력이 되었다고 주장하는 수학자나 화학자가 있다면, 심지어 그것이 생리학자의 주장일지라도 나는 그 말을 결코 믿지 않을 것이다(설사 그 말을 믿는다 해도 그 사람을 더 좋게 평가하지는 않을 것이다).

그 사람이 일을 하는 주된 동기는 분명 앞서 내가 말했던 바일 것이며, 올곧은 인간으로서 그 동기를 부끄러워할 이유는 전혀 없다.

8

지적 호기심, 직업적 자긍심과 야심 등이 연구에 빠져들게 되는 주요 동기라면, 단언컨대 수학자만큼 자기 일에 만족할 가능성이 큰 사람은 없을 것이다.

수학은 다른 어떤 것보다 더 크게 우리의 호기심을 자극한다. 또한 수학만큼 진실이 기묘하게 장난을 치는 분야는 없다. 수학은 가장 정교하고 가장 매혹적인 기교를 자랑하며, 전문 기술을 발휘할 기회를 준다는 면에서는 경쟁 상대가 거의 없다고 할 수 있다. 마지막으로 역사가 수 차례 증명했듯이, 수학적 성과물은 본질적인 가치와는 상관없이 다른 어떤 것보다 더 영속적이다.

이 같은 사실은 역사적 문명을 통해서도 증명된다. 바빌로니아와 아시리아 문명은 사멸했고, 함무라비[1], 사르곤 2세[2]네부카드네자르 2세[3]는 모두 공허한 이름이 되었다. 그러나 바빌로니아의 수학은 여전히 관심의 대상이

---

1) Hammurabi ?~B.C 1750 기원전 18세기 또는 그 이전의 바빌로니아 왕
2) Sargon II. ?~B.C 705 아시리아 제국의 왕, 사르곤 왕조의 시조
3) Nebuchadnezzar II ?~562 신 바빌로니아 제국의 제 2대 왕, 함무라비의 황금 시대에 이어 바빌론의 부흥 시대를 이끎

며, 바빌로니아의 60진법은 지금까지 천문학에서 사용되고 있다. 물론 가장 결정적인 예는 그리스 인들의 수학이다.

그리스 인들은 오늘날 우리에게 **실질적인** 영향을 주고 있는 최초의 수학자였다. 고대의 동양 수학이 흥미로운 호기심의 대상이라면, 그리스 수학은 실질적인 수학이다. 그리스 인들은 오늘날 현대 수학에서 이해할 수 있는 언어를 최초로 구사했다. 언젠가 리틀우드[1]교수가 말했던 것처럼, 그리스 인들은 총명한 학생이나 **학자 지망생**이 아니라 **다른 대학의 동료 연구원** 같은 존재였다. 따라서 그리스 수학은 그리스 문학보다 더 영속적이라고 할 수 있다.

아이스킬로스[2]는 잊혀질지라도 아르키메데스는 영원히 기억될 것이다. 언어는 소멸하지만 수학적 아이디어는 불멸하기 때문이다. 어쩌면 **불멸**이라는 말이 가당찮게 들릴지도 모르겠다. 그렇더라도 수학자만큼 불멸할 가능성이 높은 사람은 없을 것이다.

또한 수학자는 미래가 자신을 부당하게 다룰지 모른다

---

1) J.E. Littlewood 1885~1977, 영국의 수학자. 하디의 절친한 동료였다.
2) Aeschylos BC 525?~BC 456, 고대 그리스의 대 비극 시인

고 심각하게 고민할 필요가 없다. 불멸한다는 것이 종종 우스꽝스럽거나 잔인할 때가 있기 때문이다. 우리들 중 누구도 옥[1]이나 아나니아[2]갈리오[3]같은 사람이 되길 원하지 않는다.

역사가 때때로 이상한 술수를 부리는 경우는 수학에서도 찾아볼 수 있다. 예를 들어, 초급 미적분학 교본에 보면 롤[4]이 마치 뉴턴 같은 수학자인 양 소개되어 있다. 페리[5]는 하로스가 14년 전에 완전하게 증명했던 정리 하나를 이해하지 못해서 유명해졌다.

아벨의 저서 《삶 Life》에는 어리석게도 조국 노르웨이의 가장 훌륭한 위인을 희생시키는 임무에 충실했던 5명의 인물들이 등장한다. 그러나 전반적으로 과학의 역사는 공정한 편이며, 수학의 경우는 더더욱 그렇다. 수학만큼 명쾌하고 만장일치로 받아들여지는 기준을 가진 학문은 없다. 또한 수학 분야에서 후세에 길이 기억되는

---

1) Og, 고대 성서의 인물. 요단 강 동편 바산의 왕. 한때 60여 성을 통치했으나 에드레이 전쟁에서 전멸

2) Anania, 초대 예루살렘 교회 교인. 자기 소유를 다 팔아 바치기로 약속했으나 일부를 감추고 전부라고 거짓말을 하여 하느님을 속인 죄로 급사함

3) L.J. Gallio ?~? 철학자 세네카의 형이자 로마 제국 아카이아 총독. 유대인들이 바울을 끌고 와서 고소했으나 각하 시킴. 그 후 직무 외의 책임을 회피하는 사람의 대명사로 불림

4) M. Rolle 1652~1719. 프랑스의 수학자

5) J. Farey 1766~1826 영국의 수학자, 지질학자

인물은 대부분 그럴 만한 가치가 있는 사람들이다. 돈을 주고 살 수만 있다면, 수학적 명성이야말로 가장 안전하고 확실한 투자 종목 가운데 하나일 것이다.

9

수학을 업으로 삼고 있는 사람들, 특히 수학 교수들은 지금까지 내가 말한 모든 사실들로부터 커다란 위안을 얻을 것이다. 변호사나 정치가, 사업가들은 때때로 학문하는 직업이란 대개 안정과 안락함을 최고로 여기는 소심하고 야심 없는 사람들이 택하는 일이라고 말한다. 그러나 이러한 비난은 매우 잘못된 것이다.

대학의 연구원은 큰돈을 벌 기회를 포기해야 한다. 실제로 교수의 연봉이 2천 파운드를 넘기기는 매우 어렵다. 돈을 벌 기회를 쉽게 포기할 수 있게 만드는 여러 요인들 중 하나는 교수직을 평생 보장받는다는 것이다. 그러나 이런 이유로 하우스먼 교수가 사이먼 경[1]이나 비버브룩 경[2]같은 사람이 되기를 거부했던 것은 아니다. 그가 고위 관리나 정치가가 되기를 거부했던 궁극적인 이유는 자기 나름의 야심이 있었기 때문이다. 다시 말해

---

1) J.A. Simon 식민지 인도의 통치 문제를 논의하기 위해 1927년에 구성된 사이먼 위원회의 위원장
2) Lord Beaverbrook 1879~1964 영국의 정치가, 언론인

그는 20년만 지나면 대중의 뇌리에서 잊혀질 사람이 되고 싶지는 않았던 것이다.

그러나 이 모든 장점에도 불구하고 우리는 때때로 실패한 인생이 될지도 모른다는 생각에 괴로워한다. 언젠가 버트란드 러셀이 내게 들려준 끔찍한 꿈 이야기가 기억난다.

그는 대학 도서관의 맨 꼭대기 층에 있었다고 한다. 때는 서기 2100년경일 거라고 했다. 도서관 사서가 거대한 양동이를 들고 서가를 돌아다니며 책을 한 권 한 권 꺼내 잠시 훑어본 뒤 책꽂이에 다시 꽂아 놓거나 양동이에 가차없이 던져 넣고 있었다. 마침내 사서는 세 권짜리로 된 두꺼운 책 앞에 섰다.

러셀은 그것이 세상에 겨우 한 질 남은 《수학 원리 Principia Mathematica》라는 것을 알 수 있었다. 사서는 그 중 한 권을 집어들어 몇 페이지를 넘겨보았다. 그러고는 알쏭달쏭한 기호들에 잠시 당황하는 표정을 짓더니 책을 덮고 손바닥 위에 올려놓은 채 잠시 머뭇거리는 것이었다······.

10

수학자도 화가나 시인들처럼 패턴을 만든다. 만약 수학자의 패턴이 화가나 시인의 것보다 더 영속적이라면, 그것은 **아이디어**로 만들어졌기 때문이다.

화가는 형태와 색깔로, 시인은 언어로 패턴을 만든다. 그림이 하나의 **아이디어**를 형상화할 수도 있지만, 대개 그 아이디어는 평범하고 시시한 것이다. 시의 경우, 아이디어는 훨씬 더 많은 것을 설명한다. 그러나 하우스먼의 주장대로 시에 있어 아이디어의 중요성은 습관적으로 과장되는 것이 사실이다. 하우스먼은 이렇게 말한다.

"나는 과연 시적 아이디어라는 것이 존재하는지 믿을 수 없다. 시의 본질은 무엇을 말하느냐가 아니라 어떻게 말하느냐이다."

거칠고 사나운 바닷물조차
신의 인정을 받은 왕에게서 향유를 씻어낼 수 없느니

시구는 더 아름답게 만들 수 있다. 그러나 아이디어까

지 더 진부하고 더 거짓되게 만들 수 있을까? 아이디어의 빈곤함이 언어적 패턴의 아름다움에 영향을 주는 것 같지는 않다. 반면 수학자에게는 아이디어 이외에 다른 소재가 없다. 수학자가 만드는 패턴이 보다 영속적인 이유는 아이디어가 언어보다 세월에 더 오래 견디기 때문이다.

화가나 시인과 마찬가지로 수학자가 만드는 패턴 또한 반드시 아름다워야 한다. 그러려면 색상이나 언어처럼 아이디어 역시 조화롭게 연결되어야 한다. 아름다움이야말로 수학이 통과해야 할 최초의 테스트이다. 세상은 못생긴 수학을 영원히 받아들여 주지 않는다.

이쯤에서 나는(20년 전보다는 덜 하지만) 지금도 여전히 널리 퍼져 있는 오해 한 가지를 짚고 넘어가고자 한다. 화이트헤드[1]가 이른바 **학문적 미신**이라고 불렀던 이 오해는, 수학에 대한 애정과 미학적 인식이 각 시대마다 존재하는 몇몇 괴짜들의 편집광적 행동일 뿐이라는 것이다.

오늘날의 교양인들은 대부분 수학의 미학적 매력을 인

---

1) A.N. Whitehead 1861~1947 영국의 철학자, 수학자. 러셀과 함께 《수학 원리》를 저술함

정하는 편이다. 수학의 아름다움을 한마디로 정의하기는 매우 어렵지만, 그것은 다른 분야의 경우도 마찬가지다. 아름다운 시라는 것이 무엇을 뜻하는지 딱 잘라 말할 수 있는 사람은 많지 않다. 그렇다고 해서 아름다운 시를 못 알아보는 것은 아니다.

어떻게든 수학의 미적 요소를 축소시키려고 애쓰는 호그벤 교수[1] 조차도 수학의 아름다움을 완전히 부정하지는 않는다.

"수학에서 차가운 비인간적 매력을 느끼는 사람들은 분명 존재한다……. 수학의 미적 매력이란 선택된 몇몇 사람들에게만 실감되는 것이다."

그는 수학에서 매력을 느끼는 사람들이 **몇몇**에 불과하며, 그 매력은 **차가운** 것이라고 주장한다(게다가 그 사람들은 다소 우스꽝스런 괴짜들로, 상쾌한 미풍이 부는 넓고 트인 공간에서 따로 떨어져 어리석게도 좁은 대학촌에 산다는 것이다). 이 같은 주장은 호그벤 교수가 화이트헤드의 이른바 **학문적 미신**을 신봉하고 있다는 증거일 따름이다.

---

1) L. Hogben 1895~1975 영국의 생리학자. 과학 계몽서의저자로 유명하며 《백만 인의 수학》《자연과 교양》 등의 저서가 있다.

실제로 수학보다 더 **대중적인** 학문은 거의 없다. 아름다운 선율을 즐기듯 사람들은 대부분 수학의 매력을 인정하고 있다. 어쩌면 음악보다 수학에 흥미를 갖고 있는 사람들이 더 많을 수도 있다.

겉으로 보기에는 그렇지 않을지도 모르지만, 이는 쉽게 증명될 수 있다. 음악은 대중의 감정을 자극할 수 있는 반면 수학은 그렇지 않다. 음악적 재능이 없는 것은 약간 남부끄러운 것으로 여겨진다(당연히 남부끄러운 일은 아니라는 뜻이다). 이와 달리 대부분의 사람들은 수학이라는 말만 들어도 기겁하면서 순진하게도 자신이 수학을 얼마나 못하는지 다소 과장되게 말하곤 한다.

조금만 생각해 보면 **학문적 미신**의 부당성을 쉽게 밝힐 수 있다. 모든 문명국에는 체스를 즐기는 사람들이 많이 있다. 러시아의 경우 교육을 받은 국민들 중 거의 전부가 체스를 할 줄 안다. 체스를 하는 사람들은 모두 게임 자체 또는 체스 문제[1]의 **아름다움**을 인정한다. 체스 문제란 순수 수학의 연습 문제와 똑같은 것이다(체스 게임 전체가 그런 것은 아니다. 심리학적 요소 또한 영향

---

1) chess problem, 말의 배치법을 푸는 문제. 작전 문제

을 미치기 때문이다). 따라서 체스 문제를 **아름답다**고 생각하는 사람들은 수학의 미를 예찬하는 데 주저하지 않을 것이다. 체스 문제는 곧 수학에 대한 찬미가이다.

같은 맥락에서 좀더 낮은 수준의 예를 들어보도록 하자. 체스보다 좀더 넓은 팬 층을 확보하고 있는 브리지[1]나 이보다 더 내려가 대중 일간지에 실리는 퍼즐 등도 **학문적 미신**의 부당성을 밝히기 위한 증거가 될 수 있다.

브리지나 퍼즐이 대중에게 많은 인기를 끈다는 것은 곧 기초 수학의 매력에 대한 찬사의 표시이다. 듀드니[2]나 캘리번Caliban 같이 남보다 퍼즐을 잘 만드는 사람들은 수학 이외의 것은 거의 거들떠보지도 않는다. 이들은 자신이 해야 할 일이 무엇인지 잘 알고 있다. 대중이 원하는 것은 지적인 **자극**이며, 수학의 자극만큼 확실한 것은 어디에도 없다.

또 한 가지 내가 덧붙이고 싶은 말은, 진정한 수학의 정리를 발견 또는 재발견했을 때만큼 커다란 희열을 느낄 수 있는 것은 이 세상에 아무것도 없다는 것이다. 이

---

1) bridge. 카드 놀이의 일종. 변화가 풍부한 지적인 게임
2) H.E. Dudeney 1857~1930 영국의 수학자. 저술가. 특히 논리적 퍼즐이나 게임 연구로 유명함

는 유명인들(또한 지금껏 수학을 얕잡아 보았던 사람들)에게도 해당되는 말이다.

허버트 스펜서[1]는 자신이 20세 때 증명한 정리(사실 이것은 그보다 2천 년 앞서 플라톤이 증명했던 것이다)를 훗날 자서전에 다시 실었다. 최근의 예로서 보다 놀라운 경우는 소디 교수[2]라고 할 수 있다. 물론 그의 정리는 실제 그가 발견한 것이다. (〈네이처〉지에 실린 '6구 연쇄(Hexlet)'에 관한 그의 글을 보라)

---

1) Herbert Spencer 1820~1903 영국의 철학자. 불가지론의 입장에 서서 철학과 과학, 종교를 융합하려함

2) F. Soddy 1877~1956 영국의 물리화학자. 1921년 방사성 동위원소에 관한 연구 업적으로 노벨화학상 수상

체스 문제는 확실히 수학과 관련되어 있긴 하지만, 어떤 면에서는 다소 **시시하다**고 할 수 있다. 아무리 기발하고 난해하며 독창적인 문제라고 하더라도, 그 안에는 본질적인 무언가가 결핍되어 있다. 다시 말해 체스 문제는 **중요하지 않다**. 최고의 수학은 아름다운 동시에 **진지해야** 한다. 여기서 **진지하다**는 말을 **중요하다**는 말로 바꿔 쓸 수도 있겠지만, 이 단어는 무척 모호하므로, 역시 **진지하다**는 표현이 내 의도에 더 부합할 것이다.

지금 내가 염두에 두고 있는 것은 **실용적인** 측면에서의 수학의 중요성이 아니다. 물론 그 점에 관해서는 나중에라도 반드시 다루어야 할 것이다. 어쨌든 지금 내가 말하고 싶은 것은, 노골적인 의미에서 봤을 때 체스 문제가 **쓸모 없는** 것이라면, 진정한 수학 문제들 역시 대부분 쓸모가 없다는 사실이다.

수학이 실질적으로 쓸모가 있는 경우는 거의 없으며, 설사 있다고 해도 비교적 지루한 것이다. 수학적 정리의 **진지함**은 실질적 결과에 있는 것이 아니다. 수학에 관한 한 실질적인 결과는 그다지 중요하지 않다. 수학적 정리의 진지함은 그 정리와 관련된 수학적 아이디어의 의의에 있다. 요컨대 하나의 수학적 아이디어가 **의미가 있으려면** 다른 여러 수학적 아이디어들과 자연스럽고 명백하게 연결될 수 있어야 한다.

따라서 진지한 수학적 정리, 즉 의미 있는 아이디어들과 연결되는 수학적 정리는 수학 자체뿐 아니라 여타 다른 과학 분야에서까지 중요한 발전을 주도할 수 있다. 지금까지 체스 문제가 과학 사상의 일반적인 발전에 영향을 끼친 적은 단 한 번도 없었다. 그러나 피타고라스와 뉴턴, 아인슈타인은 당대의 과학 사상의 전반적인 방향을 바꾸어 놓았다.

물론 정리의 진지함은 그 결과에 있지 않다. 결과는 다만 진지함의 증거일 뿐이다. 셰익스피어가 영어의 발전에 지대한 영향을 끼친 반면, 오트웨이[1]는 거의 아무런 영향력도 발휘하지 못했다. 하지만 단지 그렇기 때문에 셰익스피어가 오트웨이보다 더 위대한 작가라고 말할 수는 없다. 셰익스피어가 위대한 이유는 그가 오트웨이

---

1) Thomas Otway 1662~1685 영국의 극작가. 대표적으로는 '수호된 베니스'가 있으며, 셰익스피어 다음으로 많은 공연 횟수를 자랑한다.

보다 더 훌륭한 작품을 많이 썼기 때문이다.

오트웨이의 작품과 마찬가지로, 체스 문제가 고급 수학 문제보다 열등한 이유는 그 결과가 나빠서가 아니라 그 내용이 부실하기 때문이다.

이쯤에서 내가 간단히 짚고 넘어갈 문제가 한 가지 더 있다. 간단히 끝내려는 이유는 그것이 시시해서가 아니라 아주 어려울 뿐더러, 나 자신이 미학에 관해 진지한 논의를 전개시킬 만한 소양을 갖추지 못했기 때문이다.

아무튼 결론부터 말하자면, 수학적 정리의 아름다움은 상당 부분 그 진지함에 의해 좌우된다. 이는 시에서 한 구절이 담고 있는 사상의 의미에 따라 그 구절의 아름다움이 웬만큼 결정되는 것과 마찬가지다.

앞서 나는 언어 패턴의 순수한 아름다움에 대한 예로서 셰익스피어의 시 두 구절을 인용한 바 있다. 그러나 다음의 구절이 훨씬 더 아름다운 것 같다.

인생의 변덕스런 열병이 사라지자 그는 편히 잠드는구나

이 구절은 더할 나위 없이 아름다운 패턴에다 그 안에

담긴 사상이 의미심장하고 주제가 확실해서 우리의 감정
을 훨씬 더 강하게 동요시킨다. 이처럼 시에서도 사상은
패턴에 커다란 영향을 끼친다. 당연히 수학의 경우는 그
보다 훨씬 더하다. 그러나 이 문제에 관해서는 더 이상
진지하게 논하지 않기로 하겠다.

12

이야기를 좀더 진전시키기 위해 이쯤에서 모든 수학자들이 **일급**으로 인정할 **진정한** 수학적 정리의 예들을 몇 가지 소개하고자 한다. 그러나 지금처럼 이렇게 글로 써서 수학적 정리를 설명하는 데는 어느 정도 한계가 있다.

우선 여기서 들 수 있는 예는 매우 단순한 것이어야 한다. 수학에 대한 전문 지식이 없는 독자들도 쉽게 이해할 수 있고, 구체적인 예비 설명이 필요 없는 것이어야 한다. 또한 독자는 설명뿐 아니라 증명을 이해할 수 있어야 한다. 이 같은 조건을 충족시키기 위해서는 페르마의 이항제곱 정리나 이차역수의 법칙 같은, 수론에서 가장 아름다운 여러 가지 정리들을 불가피하게 배제할 수밖에 없다. 두번째로 여기서 드는 예는 **순수한** 수학, 다시 말해 전문 수학자들의 수학에 속하는 것이어야 한다. 이 조건을 충족시키기 위해서는, 비교적 이해하기는 쉽지만 엄밀히 말해 논리학이나 수학 철학의 영역에 속하는 수많은 예들은 제외시킬 수밖에 없다.

이런 상황에서 내가 할 수 있는 가장 현명한 선택은

고대 그리스 수학으로 되돌아가는 것이다. 지금부터 그리스 수학에 나오는 두 가지 유명한 정리를 설명하고 증명해 보이도록 하겠다.

이것은 아이디어와 실행 두 가지 면에서 모두 **단순한** 편이지만, 수학적 정리로서 최상급에 속한다는 사실에는 의심의 여지가 없다. 처음 발견된 이래 2천 년이라는 세월이 지났지만 이 두 정리는 주름살 하나 없이 애초의 신선함과 중요성을 지금까지 유지하고 있다. 결정적으로 이 두 가지 정리의 내용과 증명은, 아무리 수학적 소양이 부족하더라도 기본적인 이해력이 있는 독자라면 단 한 시간 내에 터득할 수 있을 만한 것이다.

1. 첫번째는 소수가 무한히 존재한다는 유클리드(《기하학 원론》제9권 20. 이 책에 나오는 많은 정리들의 실질적 기원은 불명확하다. 그러나 이 책이 유클리드가 직접 쓴 것이 아니라고 추측하는 것은 특별한 근거가 없어 보인다)의 정리이다.

소수란 (A) 2, 3, 5, 7, 11, 13, 17, 19, 23, … 와 같이 더 작은 인수로 분해될 수 없는 자연수를 말한다(몇 가지 기술적인 이유로 1은 소수에 포함되지 않는다). 따라서 37과 317은 소수다. 모든 수는 소수를 기본 재료로 곱셈을 해서 만들어진 것이다(ex: 666 = 2 · 3 · 3 · 37). 소수가 아닌 수는 모두 최소한 하나 이상의 소수로(물론 대개의 경우는 여러 개의 소수로) 나눌 수 있다.

그럼 지금부터 소수의 무한성, 다시 말해 수열 (A)가 끝없이 이어진다는 사실을 증명해 보자. 우선 다음과 같이 수열 (A)가 유한하며, P라는 수에서 끝이 난다고 가정하자(따라서 P는 최대의 소수이다).

2, 3, 5, … , P

이 가정 하에서 아래의 공식에 따른 가상의 수 Q를 생각해 보자.

Q = (2 · 3 · 5 · … · P) + 1

여기서 분명한 사실은 Q는 소수 2, 3, 5, …, P 가운데 어떤 수로도 나누어지지 않는다는 것이다. 왜냐하면 나머지 1이 있기 때문이다. 그러나 Q 자신이 소수가 아니라면 어떤 소수로든 나누어져야 하고, 따라서 위의 수들보다 더 큰 소수가 반드시 존재해야 한다(그것이 Q 자신일 수도 있다). 이것은 P보다 더 큰 소수가 없다는 가정에 모순이고, 따라서 가정은 틀린 것이 된다.

이상은 귀류법을 활용한 증명이다. 귀류법은 유클리드

가 무척 좋아했던 것으로, 수학자의 가장 훌륭한 무기 가운데 하나이다(귀류법을 사용하지 않고도 위의 증명은 가능하다. 일부 학파의 논리학자들은 오히려 그것을 선호할 것이다). 이는 체스에서의 초반 첫 수보다 훨씬 더 멋지다. 체스 선수는 최하위 말인 폰이나 피스를 희생양으로 내놓겠지만, 수학자는 처음부터 게임 자체를 제시하기 때문이다.

13

2. 두 번째 정리는 $\sqrt{2}$ 가 **무리수**라는 피타고라스의 증명이다(이를 처음 증명한 이가 피타고라스라는 것이 일반적인 정설이다. 설사 피타고라스 자신이 증명한 것이 아니더라도 그의 학파에서 나온 것만은 확실하다. 이를 훨씬 더 일반화시킨 정리는 유클리드의 《기하학 원론》 제10권에 나온다).

'유리수'란 a와 b가 정수인 분수 $\frac{a}{b}$ 를 말한다. 여기서 만약 a와 b사이에 공통인수가 있다면 약분이 가능하므로, a와 b는 서로 공통인수를 가지지 않는다고 가정하자. '$\sqrt{2}$ 가 무리수'라는 것은 결국 2가 $(\frac{b}{a})^2$의 형태로 표현될 수 없다는 것과 같은 말이다. 이는 또한 방정식

$$(B) \quad a^2 = 2b^2$$

을 만족하면서 서로 공통인수를 갖지 않는 두 정수 a와 b가 존재하지 않는다는 것과 같다. 이것은 순수한 산술적 정리로서, **무리수**에 관한 지식은 전혀 필요치 않으며 무리수의 성질에 관련된 어떠한 이론과도 상관없다.

그렇다면 이번에는 다시 귀류법에 따라 생각해 보자.

(B)가 참이며, a와 b가 서로 공통인수를 갖지 않는 정수라고 가정하자. (B)에 따르면 ($2b^2$이 2로 나누어지므로) a^2은 짝수이고, 따라서 (홀수의 제곱은 홀수가 되므로) a 또한 짝수이다. a가 짝수라면,

(C) a = $2c$ (여기서 a^2는 정수)

라는 식이 성립된다. 그렇다면,

$$2b^2 = a^2 = (2c)^2 = 4c^2$$

이며, 또한

(D) $b^2 = 2c^2$

이라고 할 수 있다. 따라서 b^2은 짝수이며, 그러므로 (앞에서와 같은 이유로) b도 짝수이다. 이는 다시 말해 a와 b 둘 다 짝수라는 뜻이며, 당연히 이 둘 사이에는 2라는 공통인수가 생긴다. 그러나 이것은 우리의 가정에 모순되고, 따라서 우리의 가정은 거짓이다.

피타고라스의 정리에 따르면 '정사각형의 대각선은 변과 통분될 수 없다(즉, 대각선과 변의 비율은 유리수가 아니며, 이들의 길이를 정수의 배로 나타낼 수 있는 단위 길이는 존재하지 않는다)'는 사실을 유도할 수 있다. 변의 길이를 단위 길이로 보고, 대각선의 길이를 d라고 한다면, 역시 우리에게 피타고라스의 작품으로 알려진

익숙한 정리(유클리드《기하학 원론》제1권)에 의해

$$d^2 = 1^2 + 1^2 = 2$$

라는 식이 성립하고, 따라서 d는 유리수가 될 수 없기 때문이다.

누구나 이해할 수 있을 간단한 수론에서도 얼마든지 훌륭한 정리들을 찾아볼 수 있다. 가령, 이른바 '산술의 기본 정리'로 불리는, 모든 정수는 단 한 가지 식으로 소수들의 곱으로 분해될 수 있다는 정리가 있다. 이에 따르면 666은 666 = 2 · 3 · 3 · 37 라는 단 한 가지로만 분해될 뿐 다른 분해 방식은 없다. 즉, 666 = 2 · 11 · 29 라거나 13 · 89 = 17 · 73 이라는 것은 있을 수 없다(이것은 곱셈을 해보지 않고도 알 수 있다).

이 정리는 명칭에서 짐작할 수 있듯이 고등 산술의 기본이 된다. 그러나 이에 대한 증명은 **어렵다**고는 할 수 없어도, 상당량의 사전 지식을 필요로 하며 수학을 좋아하지 않는 독자에게는 자칫 지루하게 느껴질 수도 있을 것이다.

또 한 가지 유명하고도 아름다운 정리를 예로 들어보자. 바로 페르마의 **이항제곱** 정리이다. (특별한 소수인 2를 예외로 했을 때) 모든 소수는 두 가지 부류로 나뉠

수 있다. 하나는 4로 나누었을 때 나머지가 1이 되는 소수들, 즉

$$5, 13, 17, 29, 37, 41, \cdots$$

이고, 다른 하나는 4로 나누었을 때 나머지가 3이 되는 소수들, 즉

$$3, 7, 11, 19, 23, 31, \cdots$$

이다. 첫번째 부류에 속하는 소수들은 모두 두 정수의 제곱의 합으로 표현되지만, 두번째 부류에 속하는 소수들은 그런 것이 하나도 없다.

$$5 = 1^2 + 2^2$$
$$13 = 2^2 + 3^2$$
$$17 = 1^2 + 4^2$$
$$29 = 2^2 + 5^2$$

하지만 3, 7, 11, 19는 위와 같은 식으로 나타낼 수 없다(독자가 직접 해 보면 알 수 있을 것이다). 이것이 산술에서 가장 위대한 정리 중 하나로 꼽히는(이는 아주 당연한 평가이다) 페르마의 정리이다. 그러나 불행히도 상당히 전문적인 수학자가 아니고는 쉽게 이해할 수 있을 만한 증명이 아직까지는 없다.

집합 이론에도 아름다운 정리들이 많이 있다. 예를 들

면 칸토어[1]가 발견한 연속체의 **비가산성**에 관한 정리 같은 것들이다. 그런데 여기에는 앞서와 반대되는 어려움이 있다. 일단 관련 용어를 완전히 익히고 나면 증명 자체는 매우 쉽다고 할 수 있다. 그러나 정리의 의미를 명확하게 밝히려면 그 전에 상당량의 설명이 요구된다. 따라서 나는 더 이상의 예를 들지 않기로 하겠다.

지금까지 내가 제시했던 예들은 일종의 테스트였으며, 그것들을 제대로 이해하지 못한 독자는 수학에 관련된 어떠한 것도 이해하지 못할 것이다.

앞서 나는 수학자란 아이디어의 패턴을 만드는 사람이며, 그 패턴에 대한 평가 기준은 아름다움과 진지함이어야 한다고 말한 바 있다. 내가 제시했던 두 가지 정리를 이해한 사람이라면, 이 정리들이 아름다움과 진지함이라는 테스트 기준을 통과한다는 것에 이의를 제기하지는 않으리라고 믿는다.

듀드니의 가장 창의적인 퍼즐이나 체스의 고수들이 만들어낸 가장 교묘한 문제와 비교한다면, 아름다움과 진지함이라는 두 가지 측면 모두에서 수학적 정리의 우수

---

1) Georg Cantor 1845~1918 독일의 수학자. 집합론의 창시자

성이 더욱 도드라지게 드러나 보일 것이다. 다시 말해, 이들 사이에는 명백한 수준의 차이가 존재한다. 수학적 정리는 퍼즐이나 체스 문제보다 훨씬 더 진지하며, 훨씬 더 아름답다. 그렇다면 수학적 정리의 우수성을 좀더 구체적으로 분석해 보는 것은 어떨까?

14

첫번째로, **진지함**에 있어 수학적 정리의 우수성은 명백하고 압도적이다. 체스 문제는 창의적이지만 매우 한정된 아이디어들의 산물이다. 따라서 근본적으로는 문제들이 서로 크게 다르지 않고, 외적인 영향력 또한 없다. 유클리드나 피타고라스가 심지어 수학 이외의 사상에도 심오한 영향력을 미쳤다는 사실에 비추어, 만약 체스라는 게임이 고안되지 않았더라면 이 세상이 어떻게 달라졌을까를 상상해 보면 그 차이는 분명해진다.

유클리드의 정리는 산술의 전반적인 구조에 있어 절대적으로 중요한 위치를 차지한다. 소수가 산술을 형성하기 위해 필요한 기본 재료라면, 유클리드의 정리는 우리가 산술을 형성하는 데 필요한 재료를 충분히 가지고 있다는 사실을 확신시켜 준다. 한편 피타고라스의 정리는 유클리드의 정리보다 응용 범위가 더 넓고, 텍스트로서 더 훌륭하다.

피타고라스의 정리는 그 의미가 넓게 확장될 수 있으며, 기본 원리는 거의 그대로 유지한 채 **무리수** 집합에까지 매우 폭넓게 적용될 수 있다. 피타고라스의 정리를 통해 우리는 $\sqrt{3}$, $\sqrt{5}$, $\sqrt{7}$, $\sqrt{11}$, $\sqrt{13}$, $\sqrt{17}$ 가 무리수라는 것을 증명할 수 있다. 이는 고대 그리스의 테오도로스[1]가 행했던 증명 방법과 매우 유사할 것이다. 그러나 일찍이 테오도로스가 해내지 못했던 것, 즉 $\sqrt[3]{2}$ 와 $\sqrt[3]{17}$ 이 무리수임을 증명하는 것도 오늘날에는 가능하다. (하디와 라이트가 공동 저술한 《수론 입문 Introduction to the Theory of Numbers》제 4장에는 다양한 형태로 일반화된 피타고라스의 이론과 테오도로스의 역사적 퍼즐에 관한 논란이 실려 있다)

유클리드의 정리를 통해서 우리는 정수들로 응집된 산술을 구성하는 데 필요한 재료가 얼마든지 많다는 사실을 알게 된다. 반면 피타고라스의 정리와 그 확장된 이론을 통해서 우리가 알 수 있는 것은 정수로 구성된 산술만으로는 무언가가 부족하다는 사실이다. 왜냐하면 우리의 관심을 끌긴 하지만 정확히 측정되지는 않는 수많은 크기들이 존재하기 때문이다.

정사각형의 대각선은 그 중 가장 쉬운 예일 것이다.

---

1) Theodorus, BC465~BC385 키레네 출신의 수학자. 피타고라스의 제자이자 플라톤의 수학 스승이었다.

이 사실이 얼마나 뜻 깊은 중요성을 갖는지 맨 먼저 깨달은 것은 고대 그리스 수학자들이었다. 처음에 그들은 같은 종류의 크기들은 모두 통분이 가능하다고 가정했다 (아마도 **상식**의 **자연적인** 명령에 따라서 그랬던 것이 아닐까 싶다). 예컨대 서로 다른 두 가지 길이는 어떤 공통 단위의 배수라는 것이 그들의 생각이었다. 그리고 그들은 이 가정을 기초로 하여 비례론을 정립시켰다.

피타고라스의 발견은 이 기초가 불안정한 것임을 밝혀 냈고, 결국 훨씬 더 심오한 에우독서스[1]의 이론을 탄생시켰다. 현대의 많은 수학자들은 유클리드의 《기하학 원론》제 5권에 실려 있는 이 이론을 고대 그리스 수학자들의 업적 중 가장 위대한 것으로 평가하고 있다.

이 이론은 정신적인 측면에서 놀랄 만큼 현대적이며, 현대적 무리수 이론의 시초로 간주될 수 있을 것이다. 무리수 이론은 수리해석학에 혁명을 가져왔으며, 최근의 철학에도 커다란 영향을 끼쳤다.

이렇게 봤을 때 위의 두 정리의 진지함에 대해서는 전혀 의심할 여지가 없을 것이다. 그러므로 여기서 두 정

---

1) Eudoxus BC408~BC355. 고대 그리스의 수학자, 천문학자

리 모두 **실용적인** 중요성은 전혀 갖고 있지 않다는 점을 더욱 강조할 만하다. 실용적 응용의 측면에서 보면 우리는 비교적 작은 수에만 관심을 갖는다. 물론 천문학이나 원자물리학에서 큰수를 다루긴 하지만, 실용적 중요성 면에서 아직까지는 가장 추상적인 순수 수학과 거의 다를 바가 없다.

공학자가 실질적으로 활용할 수 있는 가장 높은 정확도가 어느 정도인지는 확실히 모르겠지만, 대강 유효숫자 열 자리 정도면 충분하지 않을까 생각한다. 그렇다면 (소수 8자리까지의 Ⅱ값인) 3.14159265 는 9자리의 두 수의 비 $\dfrac{314159265}{1000000000}$ 이다. 1,000,000,000보다 작은 소수는 50,847,478개인데, 이 정도 수라면 공학자는 충분히 만족하고 더 이상 바라지 않을 것이다. 유클리드의 정리 또한 마찬가지이다. 반면 피타고라스의 정리의 경우, 무리수는 공학자에게 확실히 관심 밖의 대상이다. 왜냐하면 공학자는 오직 근사치에 관심이 있으며, 근사치는 모두 유리수이기 때문이다.

15

진지한 정리란 **의미 있는** 아이디어를 포함하는 정리를 말한다. 그렇다면 수학적 아이디어를 의미 있게 만드는 특성이란 무엇일까 보다 자세히 분석해야 할 필요가 있을 것이다. 그러나 이는 무척 까다로운 작업이며, 나의 분석이 그다지 가치 있을 것 같지도 않다는 것이 솔직한 고백이다.

우리에게는 **의미 있는** 아이디어를 대번에 알아볼 수 있는 능력이 있다. 앞서 내가 예로 든 두 가지 표준적인 정리의 경우에서처럼 말이다. 그러나 이러한 판별 능력은 상당한 수준의 수학적 교양과, 그 분야에 몇 년간 몸담아야만 얻어질 수 있는 수학적 아이디어에 대한 친밀감을 필요로 한다. 그런 이유로 내가 여기서 몇 가지 분석을 시도하지 않을 수 없겠다. 그것은 비록 부적절할지는 몰라도 어디까지나 논리적이고 알기 쉬운 분석이어야 할 것이다.

수학적 아이디어에 있어 이유를 불문하고 본질적인 것으로 보이는 두 가지 특성이 있다. 바로 **일반성**과 **깊이**

이다. 하지만 이들을 정확하게 정의한다는 것은 결코 쉽지 않은 일이다.

의미 있는 수학적 아이디어, 진지한 수학적 정리는 이와 같은 의미에서 **일반적**이다. 의미 있는 아이디어라면 반드시 수많은 수학적 구조물의 구성 요소가 되어야 하며, 각기 다른 여러 가지 정리를 증명하는 데 이용되어야만 한다. 또한 진지한 정리는(피타고라스의 정리처럼) 아주 특별한 형태로서 독창적으로 진술되는 경우에도 반드시 확장 가능해야 하며, 같은 종류의 정리들 전체를 대표하는 것이어야만 한다.

덧붙여 증명에서 드러나는 관계는 여러 가지 서로 다른 수학적 아이디어들을 연결하는 것이어야 한다. 물론 이 모든 것은 무척 막연하고 갖가지 조건에 따라 달라질 수 있다. 하지만 이러한 특성들이 눈에 띄게 결여되어 있다면 그것이 진지한 정리가 아니라는 것을 쉽게 알게 된다. 그 예는 산술이 풍부하게 포함된 독특하고 희한한 사실에서 간단히 찾을 수 있다. 라우즈 볼[1]의 《수학적 레크리에이션 Mathematical Recreations》에서 무작

---

1) W.W. Rouse Ball 1850~1925, 영국의 수학자

위로 두 가지 예를 들어 보자(H.S.M 콕스터의 개정판).

(a) 네 자리 수 가운데 그 역배열수(Reversal, 숫자를 거꾸로 배열한 수)의 정수 배수가 되는 것은 8712와 9801뿐이다. 즉,

$$8712 = 4 \cdot 2178 \qquad 9801 = 9 \cdot 1089$$

이고, 10,000 미만의 수 중에서 이러한 특성을 갖는 수는 더 이상 없다.

(b) 그 숫자의 세제곱의 합으로 이루어진 수는 다음의 네 가지밖에 없다.

$$153 = 1^3 + 5^3 + 3^3 \qquad 370 = 3^3 + 7^3 + 0^3$$
$$371 = 3^3 + 7^3 + 1^3 \qquad 407 = 4^3 + 0^3 + 7^3$$

이상은 신문 퍼즐 난에 어울릴 법한 아주 기묘한 사실들로, 아마추어들에게 흥밋거리가 될 수 있을 것이다. 그러나 수학자는 이러한 것들에서 전혀 매력을 느끼지 못한다. 이 정리들에 대한 증명은 어렵지도 흥미롭지도 않고 그저 따분할 뿐이다. 한 마디로 이 두 정리는 진지하지 않다.

그 이유 중 확실한 한 가지는(가장 중요한 이유는 아닐지라도) 정리 내용과 증명 모두가 지나치게 특별한 나머지 의미 있는 일반화가 불가능하다는 데 있다.

16

일반성이란 모호하고 다소 위험하기까지 한 말이다. 그러므로 우리는 논의를 진행해 감에 있어 이 말에 크게 지배받지 않도록 유의해야 할 것이다.

일반성이란 말은 수학 및 기타 수학과 관련된 문헌에서 다양한 의미로 사용된다. 특히 논리학자들이 이 말을 아주 적절히 강조해 왔는데, 이는 우리의 논의와는 별로 관계가 없는 사항이다. 쉽게 정의하자면 이러한 의미에서 모든 수학적 정리들은 동등하게 그리고 완벽하게 **일반적**이라고 할 수 있다.

화이트헤드는 그의 저서 《과학과 근대 세계 Science and the Modern World》에서 "수학의 확실성은 완벽히 추상적인 일반성에 의존한다."라고 말한 바 있다. '2 더하기 3은 5이다 (2 + 3 = 5)' 라고 할 때, 우리는 세 가지 부류의 '무엇' 간의 관계를 말하는 것이다.

여기서 말하는 무엇이란, 사과나 동전이 아니며, 특정한 종류의 무언가도 아니다. **그저 무엇, 아주 오래된 무엇**일 뿐이다. 위 진술의 의미는 수들의 개별성과는 전혀 상관이 없다. '2' '3' '5' 또는 '+' '=' 같은 모든 수학적 **대상**이나 **구성 요소, 관계**, 그리고 이들을 이용한 모든 수학적 정리와 명제는 완벽하게 추상적이란 의미에서 완벽하게 일반적이다. 이런 의미에서 보면 일반성이 곧 추상성이므로 화이트헤드가 불필요한 단어를 구사했다고 볼 수도 있을 것이다.

일반성이란 단어의 이 같은 의미는 상당히 중요하며, 이를 강조한 논리학자들의 행동은 정당하다고 볼 수 있다. 왜냐하면 이 단어가 많은 사람들이 간과하고 있는 어떤 공리(公理)를 구체적으로 표현하고 있기 때문이다.

예를 들어, 물리적 세계가 특정한 방식으로 움직이고 있음을 **수학적으로 증명**할 방법을 찾았다고 주장하는 것은 물리학자나 천문학자들에게 아주 흔한 일이다. 글자 그대로 해석하면 그러한 주장은 모두 엄밀히 말해 헛소리이다. 다음날 일식이 일어나리라는 것을 수학적으로 증명하기란 불가능하다. 왜냐하면 일식을 포함한 물리적 현상은 수학의 추상적 세계를 구성하는 요소가 아니기 때문이다. 천문학자들 또한 그동안 아무리 많은 일식을 정확하게 예측했더라도 결국엔 이 점을 인정하리라고 나는 생각한다.

이제 우리의 관심 대상은 이러한 종류의 **일반성**이 아니라는 것이 확실해졌다. 우리는 수학적 정리들 간 일반성의 차이점을 알고자 하는 것이다. 화이트헤드가 말한 의미에서 볼 때 모든 수학적 정리들은 동등하게 일반적이다. 따라서 앞서 언급했던 **시시한** 정리 (a)와 (b) 도 유클리드와 피타고라스의 정리처럼 **추상적**이거나 **일반적**이다.

체스 문제 또한 마찬가지다. 체스 문제에 관한 한, 말이 검은색이냐 흰색이냐, 또는 빨간색이냐 초록색이냐는 중요하지 않다. 더욱이 물리적인 **말**이라는 것이 반드시 있어야 하는 것도 아니다. 전문가가 손쉽게 머릿속에서 그려내는 작전이나, 우리가 체스 보드의 도움을 얻어 힘겹게 짜내야 하는 작전이나 결국에는 모두 똑같다. 체스 보드와 말은 다만 우리의 게으른 상상력을 자극하기 위한 장치일 뿐이다. 수학 강의에 있어 칠판과 분필이 본질적인 것이 아닌 것처럼, 체스에 있어서도 체스 보드와 말은 결코 본질적인 것이 아니다.

지금 우리가 알아보고자 하는 것은 모든 수학적 정리에서 흔히 찾아 볼 수 있는 이러한 종류의 일반성이 아니다. 우리가 원하는 것은 제 15장에서 개괄적으로 설명하려 했던, 보다 미묘하고 파악하기 힘든 일반성이다. 그리고 우리는 이러한 종류의 일반성을 지나치게 강조하지 않도록 유의해야만 한다(화이트헤드 같은 논리학자들은 그런 경향이 있는 것 같다).

이것은 단순히 근대 수학의 대표적인 성과인 **일반화의 미묘함 위에 일반화의 미묘함을 겹쳐 쌓아놓는 일** (《과학과 근대 세계 Science and the Modern World》p. 44.)이 아니다. 고등 정리에 있어 어느 정도의 일반성은 반드시 필요하다. 그러나 과다한 일반성은 그 정리를 평범한 것으로 만들기 십상이다. **일반적인 것은 무난하지만 특별하지는 않다**는 말이 있다. 다른 것과 구별되는 특별함은 유사함만큼이나 상당히 흥미로운 것이다. 우리가 어떤 사람을 친구로 선택하는 이유는 그가 인간이 지닌 기분 좋은 특성을 모두 갖추고 있기 때문이 아니라, 그 자체로서 특별한 인간이기 때문이다.

수학의 경우도 이와 마찬가지다. 지나치게 많은 대상에 일반적으로 나타나는 성질은 그다지 흥미를 끌 수 없으며, 수학적 아이디어 또한 개별성을 충분히 갖지 않는다면 희미하게 변질되기 쉽다. 어쨌든 이쯤에서 나와 뜻을 같이 하는 화이트헤드의 말을 인용해 보자.

"적절한 특수성에 의해 제한 받는 넓은 의미의 일반화야말로 얻을 것이 많은 유용한 개념이다."(《과학과 근대 세계 Science and the Modern World》p.46.)

17

의미 있는 아이디어가 갖추어야 할 두번째 특성은 **깊이**이다. 이는 일반성보다 훨씬 더 정의하기 힘든 개념이다. **깊이**는 **어려움**과 어떤 관련이 있다. **깊이 있는** 아이디어일수록 대개 이해하기가 더 어렵기 때문이다. 그러나 결코 이 두 가지가 똑같은 것은 아니다.

피타고라스의 정리 및 관련 일반론에 내재되어 있는 아이디어는 상당히 깊이 있는 것이지만, 오늘날 그것을 어렵다고 생각하는 수학자는 아무도 없다. 이와는 반대로, 정리란 본질적으로 피상적인 것이지만 증명하기는 무척 어렵다(정수 방정식의 해법에 관한 '디오판투스[1]정리'가 그 대표적인 예이다).

어떤 면에서 보면 수학적 아이디어들은 층별로 배치되어 있는 것 같다. 각 층의 아이디어들은 같은 층의 아이디어들은 물론 위아래 층의 아이디어들과 일련의 관계를 맺고 있다.

---

1) Diophantus, 고대 그리스 수학자

보다 낮은 층에 위치한 아이디어일수록 더욱 깊이가 있으며 일반적으로 더 어렵다. 따라서 **무리수**라는 아이디어는 정수라는 아이디어보다 더 깊이가 있다. 피타고라스의 정리가 유클리드의 정리보다 더 깊이가 있는 것도 같은 맥락에서다.

이제 우리의 관심을 정수들 간의 관계 또는 특정 층에 위치한 대상들 간의 관계에 집중하도록 하자. 그러면 이 관계들 중 한 가지를 완전히 이해할 수 있고, 예를 들어 정수보다 아래층에 위치한 것들에 대해 전혀 모르는 채 정수의 어떤 속성을 알아보고 증명할 수도 있다.

앞서 우리는 정수의 속성만을 활용하여 유클리드의 정리를 증명한 바 있다. 그러나 정수와 관련된 정리 중에는 정수의 속성을 이해하는 것만으로는 제대로 이해할 수 없는 것들도 많이 있다. 게다가 그 정리를 증명하는 것은 더욱 힘들다. 이를 위해서는 좀더 파고 들어가서 그보다 아래층에 존재하는 아이디어들을 이해해야만 한다.

소수와 관련된 이론에서 간단한 예를 찾아보자. 유클리드의 정리는 매우 중요하지만 그다지 깊이는 없다. **정제성**(整除性, 나누어 떨어짐)보다 더 깊이 있는 개념을 활용하지 않고도 소수가 무한히 존재한다는 사실을 충분히 증명할 수 있기 때문이다. 그러나 이에 대한 답변을 깨닫기 무섭게 또 다른 의문들이 생긴다. '소수가 무한히 존재한다면, 무한한 그 소수들은 어떻게 분포되어 있을까?' '10^{80}이나 $10^{10^{10}}$ (10^{80}은 전 우주에 존재하는 양자의 대략적인 개수이다. 또 $10^{10^{10}}$을 길게 풀어서 적으면 보통 크기의 책 50,000권 분량이 될 것이다) 같은 큰 수 N이 있다고 했을 때, N보다 작은 소수는 몇 개나 될까?' (제 14장에서 언급했듯이 1,000,000,000 보다 작은 소수는 50,847,478개이다. 그러나 이는 우리의 지식으로 계산할 수 있는 한도에서 그렇다는 것이다.) 이와 같은 질문들에 직면했을 때 우리는 사뭇 다른 위치에 서게 된다. 우리는 이 질문들에 대해 놀랄 만큼 정확한 답변을 제시할 수 있다. 그러나 이를 위해서는 좀더 깊이 파고 내려가, 머리 위에 놓인 정수들은 잠시 제쳐둔 채 가장 강력한 무기인 현대 함수론을 사용해야만 한다.

이런 점에서 우리의 질문에 답을 해줄 정리(이른바 '소수 정리')는 유클리드의 정리는 물론 피타고라스의 정리보다 훨씬 더 깊이 있는 것이다.

이밖에도 예로 들 수 있는 것은 아주 많다. 그러나 '깊이'라는 개념은 그것을 알아보는 수학자에게조차 상당히 이해하기 어려운 것이다. 따라서 더 이상 길게 설명해 봤자 일반 독자들에게 크게 도움이 될 것 같지는 않으므로 이쯤에서 줄이기로 하겠다.

18

제 11장에서 제시했던 문제들 중 짚고 넘어가야 할 것이 한 가지 더 있다. 그 장에서 나는 **진정한 수학**과 체스를 처음으로 비교했었다.

이제 우리는 본질적인 측면은 물론 진지함이나 의미심장함의 측면에서도 수학적 정리가 체스 문제에 비해 압도적으로 우월하다는 것을 알고 있다. 또한 교양인이라면 미적인 면에서도 수학적 정리가 체스를 앞선다는 것을 어느 정도 인정할 것이다. 그러나 이 장점은 무어라 딱 잘라 정의 내리기가 무척 까다롭다. 체스 문제는 솔직하게 말해 **시시하다**는 점이 그 주요 결점으로 꼽히기 때문이다. 그러므로 이 점에서 수학적 정리와 체스 문제를 막연히 대비시키는 것은 보다 순수한 미학적 판단에 방해가 된다.

과연 유클리드의 정리나 피타고라스의 정리 같은 수학적 정리들에서 어떤 **순수 미학적** 특성을 찾아낼 수 있단 말인가? 이 의문에 대해서는 다음의 몇 가지 단편적인 사항들을 통해 결론을 짓도록 하자.

유클리드의 정리와 피타고라스의 정리(물론 여기서 말하는 정리에는 그 증명도 포함된다) 는 둘 다 **불가피성**과 **경제성**과 연결된 고도의 **의외성**을 지니고 있다. 논법은 아주 기묘하고 놀라운 형태를 취한다. 사용된 무기 또한 그 결과의 어마어마한 영향력에 비해 유치하다 싶을 만큼 단순하다. 그러나 그 결론은 빠져나갈 구멍이 없이 확고하다.

복잡한 장식도 없다. 각 경우에 따라 한 줄의 공격이면 충분하다. 고도의 기술적 숙련을 통해서만 완전히 이해할 수 있는, 훨씬 더 어려운 수많은 정리들의 증명에 있어서도 상황은 마찬가지다.

수학적 정리를 증명하는 데 있어 그리 많은 **변형**은 필요 없다. 사실 **경우를 일일이 열거하는 것**은 가장 지루한 수학적 논법의 형태 중 하나이다. 수학적 증명은 은하수에 흩어진 성운이 아니라 단순하고 윤곽이 뚜렷한 별자리를 닮아야 한다.

체스 문제 역시 의외성과 일종의 경제성을 가지고 있다. 행마(行馬)는 누구도 예측 못한 놀랄 만한 것이어야 하며, 판 위의 모든 말들이 각자 맡은 역할을 다해야 하는 것이 필수다. 그러나 미학적 효과란 조금씩 누적되는 것이다.

지나치게 단순한 작전 구사로 인해 게임을 지루하게 만들지 않으려면, 승부를 결정짓는 첫 수 이후에는 다양하게 변형된 행마가 이어져야 하며, 이때 각각의 행마는 나름의 답을 요구하는 것이어야 한다. 'P—B5 다음에는 Kt—R6… 인 것처럼, 처음에 …였으면 다음에는 ~, ~ 다음에는 … 하는 식이다.' 여기서 다양한 답을 충분히 확보하지 않으면 미학적 효과는 거둘 수가 없다.

이 모든 것은 진정한 수학 문제로서 각각의 장점을 지니고 있다. 그러나 이는 결국 **경우를 일일이 열거하는 식의 증명**에 지나지 않으며, 그 경우들도 근본적으로는 심오한 차이가 없는 엇비슷한 것들이다(최근에는 체스에 있어 유형은 같더라도 말을 다양하게 변칙적으로 움직이는 것이 훌륭한 수로 인정받는다). 이는 진정한 수학자에게 흔히 경멸의 대상이다.

나는 체스 선수들의 감정에 호소함으로써 내 주장을 보완할 수 있었던 것 같다. 물론 세계적인 대회에 출전하는 체스의 고수는 내심 체스 문제 구성가의 순수 수학적 기술을 비웃을지도 모른다.

고수는 여러 가지 작전을 충분히 예비로 준비해 두고,

위급한 상황에서 그 작전을 활용할 수 있다. '상대가 이러저러한 수를 쓴다면, 나는 이러저러한 수를 써서 승리를 따내리라.' 하는 식이다. 그러나 이른바 체스의 **빅 매치**는 주로 심리전이며, 잘 훈련받은 두뇌 간의 대결로서, 단지 자잘한 수학적 정리들을 모아놓은 것은 아니다.

19

이제 다시 나의 첫 옥스퍼드 공개 강의에서 했던 수학에 대한 변명 이야기로 돌아가 보자.

나는 앞서 제 6장에서 잠시 유보해 두었던 몇 가지 쟁점에 대해 좀더 자세히 살펴보고자 한다. 지금쯤이면 내가 오직 창의적인 예술로서의 수학에만 관심이 있다는 사실이 분명해졌을 것이다. 그러나 아직 생각해 보아야 할 의문들이 몇 가지 더 남아 있다. 특히 수학의 유용성 (혹은 무용성) 문제는 생각하면 할수록 혼란스러운 것이다. 또한 내가 오래 전 옥스퍼드 강의에서 당연한 것으로 주장했던 수학의 **무해성**에 대해서도 다시 한번 고찰해 볼 필요가 있다.

과학이나 예술은 그 발전이 간접적으로라도 인류의 물질적 복지와 안락을 증진시킨다면, 또 말 그대로 일반적인 의미의 **행복** 추구에 도움이 된다면, **유용하다**는 평가를 받을 수 있을 것이다. 그렇다면 의학과 생리학은 우리의 고통을 덜어주니까 유용하다. 공학 또한 주택과 교량을 건설하여 우리 삶의 수준을 높이는 데 도움이 되므로 쓸모가 있다(물론 공학이 유해한 점도 있지만, 우리의 논의와 직접 관련이 없으므로 그냥 넘어가기로 한다). 이러한 맥락에서 봤을 때, 수학의 어떤 면은 확실히 유용하다. 수학에 대해 어느 정도의 지식이 없는 공학자는 자기 일을 제대로 수행해낼 수 없다. 또한 최근 수학은 생리학에까지 응용되기 시작했다. 그러므로 이제 우리에게는 수학을 변호하기 위한 기반이 놓인 셈이다. 물론 특별히 빈틈없이 탄탄한 최고의 변호를 할 수는 없겠지만, 이는 반드시 고찰해야만 하는 문제이다.

창의적인 예술 분야에서 이용되는 수학의 **보다 고귀한** 활용 예는 우리의 고찰 내용과 무관하다. 수학은 시나 음악처럼 고상한 정신적 습관을 지지하고 고무하며, 결과적으로 수학자와 일반인들의 행복까지도 증진시킬 수 있다. 그러나 이런 측면에서 수학을 변호하는 것은 단지 앞서 내가 이미 말했던 것들을 한번 더 강조하는 것에 지나지 않을 것이다.

지금 우리가 생각해 보아야 할 문제는 수학의 **가공하지 않은 있는 그대로의** 유용성이다.

20

이 모든 문제는 아주 명백한 것으로 보일 수도 있다. 그러나 여전히 혼란의 여지는 충분히 있다. 왜냐하면 가장 **유용한** 주제는 일반인들의 입장에서 배워 봤자 쓸모없는 것일 경우가 아주 많기 때문이다.

생리학자와 공학자를 적당히 공급받는 것은 유용하지만, 생리학과 공학은 보통 사람들에게 그다지 쓸모 있는 학문이 아니다(물론 이 학문들은 여타 다른 근거로 옹호받을 수 있다). 사적인 예를 들자면, 나는 순수 수학 외에 내가 지니고 있는 과학적 지식이 내게 조금이라도 도움이 된 적은 지금껏 단 한 번도 없었다.

보통 사람들에게 과학적 지식이 지닌 실용적 가치가 얼마나 작은 것인지, 그나마 그 가치라는 것이 얼마나 지루하고 진부한지를 알게 되면 다소 놀랄 것이다. 게다가 현실에서는 그 가치가 엉뚱하게도 유용한 것으로 알려져 있는 것 같아 더욱 충격적이다. 불어나 독어 몇 마디를 할 줄 안다거나, 역사와 지리에 대해 기본 지식을 갖고 있으면 분명 어딘가 쓸모가 생긴다. 심지어 경제학에 관련된 약간의 지식도 생활에 도움이 된다. 그러나 화학, 물리학, 생리학에 대한 약간의 지식은 일상 생활에 있어 아무런 쓸모가 없다.

우리는 기름의 구성 성분을 몰라도 그것에 불이 붙으리라는 것을 안다. 자동차가 고장났을 때는 정비소로 가져가면 된다. 배가 아플 때는 의사나 약사를 찾아가면 그만이다. 우리는 자신의 경험이나 다른 사람들의 전문 지식에 의존해 살아가는 것이다.

그러나 이것은 부차적인 차원의 교육학적 문제로서, 이것에 관심을 보일 사람은 오직 학교 교사들뿐이다. 그들은 자녀에게 **유용한** 교육을 시켜 줄 것을 요구하는 학부모들에게 조언을 주어야 하기 때문이다. 물론 생리학이 유용하다는 뜻은, 대부분의 사람들이 생리학을 공부해야만 한다는 것이 아니라, 극소수의 전문가들에 의한 생리학의 발전이 인류 다수의 안락을 증진시킬 것이라는 의미이다.

지금 우리에게 중요한 문제는, 수학이 이런 의미의 유용성을 어디까지 주장할 수 있느냐, 수학 중에서도 어떤 분야가 제일 강력하게 주장을 할 수 있느냐, 그리고 이 같은 기반 위에서 수학자들이 하는 것과 같은 집중적인 수학 연구가 어디까지 정당화될 수 있느냐 하는 것이다.

21

이제 내가 내리고자 하는 결론이 어떤 것인지 분명해졌으리라고 본다. 따라서 나는 그 결론을 한번에 독단적으로 발표한 다음 차후에 약간의 세부적인 설명을 더할 생각이다.

초등수학—여기서 **초등** 수학이란 전문 수학자들이 말하는 초급 수학, 예컨대 미적분학에 대한 실제 지식 등을 포함하는 수학을 의미한다—이 상당 부분 매우 실질적인 유용성을 띤다는 것은 부인할 수 없는 사실이다. 초등 수학은 대체로 다소 지루한 편이며, 미학적 가치라고는 거의 찾아볼 수 없다. **진정한** 수학자가 연구하는 **진정한** 수학, 다시 말해 페르마나 오일러[1], 가우스, 아벨, 리만 같은 이들이 연구하는 수학은 거의 대부분 **무용한** 것이다(이는 순수수학은 물론 응용수학의 경우에도 해당된다). 업적의 **유용성**을 기준으로 보자면, 진정한 전문 수학자들의 삶은 하나같이 정당화되기 힘들다.

---

1) L. Euler 1707~1783 스위스의 수학자, 물리학자. 순수수학의 창시자 중 한 사람

그러나 여기서 반드시 풀고 넘어가야 할 오해가 있다. 순수 수학자는 연구 결과의 무용성을 영광으로 알고(나 자신도 이런 생각을 갖고 있음에 대해 비난받고 있다. 언젠가 나는 "과학이 유용하다고 여겨지는 경우는, 과학의 발전이 현실적으로 불평등한 부의 분배를 더욱 두드러지게 하고, 보다 직접적으로 인류의 삶을 파괴하는 데 일조할 때이다."라고 말한 바 있다. 1915년에 했던 이 말은 그 후로 나를 비난하거나 옹호할 때 종종 인용되곤 했다. 물론 처음 이 말을 했을 당시에는 인정할 만한 것이었을지 몰라도, 지금 보기에는 다분히 의식적인 수사 문구이다), 그것이 어떤 방법으로도 실생활에 응용될 수 없음을 자랑스러워한다고 생각하는 이들이 종종 있다. 이 어처구니없는 누명은 경솔한 말 한 마디에서 비롯된 것이다. 가우스가 한 것으로 여겨지는 이 말은 원전을 찾을 수가 없어서 정확히 인용하는 것이 불가능하지만 대충 다음과 같은 요지이다.

"만약 수학이 과학의 여왕이라면, 최고의 무용성으로 무장한 수 이론이야말로 수학의 여왕일 것이다."

나는 가우스(그가 이 말을 한 것이 사실이라면)의 이 말이 노골적으로 잘못 해석되어 왔다고 확신한다. 만약 수 이론이 실용적이고 누가 봐도 명예로운 목적을 위해 사용될 수 있다면, 또는 생리학이나 화학처럼 인류의 행복 증진이나 고통 경감을 위해 직접적으로 이용될 수 있다면, 가우스든 다른 어떤 수학자든 결코 어리석게 그러한 활용을 비난하거나 후회하지는 않을 것이다. 그러나 과학은 선은 물론 악을 위해서도 이용된다(물론 전시에 더욱 그렇다). 그러므로 어쨌든 그렇지 않은 과학이 한 가지 있다는 사실, 그리고 평범한 인류의 생활과 동떨어져 있는 그 과학의 특성을 깨끗하고 온건하게 유지해야 한다는 사실을 기쁘게 생각한다면, 가우스는 물론 그보다 열등한 수학자들의 삶도 모두 충분히 정당화될 수 있을 것이다.

22

우리가 변론해야 할 오해가 한 가지 더 있다. 사람들은 흔히 **순수** 수학의 유용성과 **응용** 수학의 유용성 간에 커다란 차이가 있다고 생각한다. 하지만 이것은 착각이다.

이 두 분야의 수학은 분명히 서로 다르다(이 점에 대해서는 잠시 후에 설명할 예정이다). 그러나 그 차이가 유용성에 영향을 미치는 것은 아니다.

순수수학과 응용수학의 차이점은 무엇일까? 이 질문에 대해서는 단정적으로 답할 수 있으며, 그 답은 대부분의 수학자들이 동의하는 바이다. 내 답변은 어디까지나 정통적인 것이지만, 그에 앞서 약간의 서언을 덧붙이고자 한다.

지금부터 내가 하고자 하는 이야기에는 철학적인 면이 다소 가미되어 있을 것이다. 그 철학은 결코 심오한 것도 아니고, 내 주요 논제에 필수불가결한 것도 아니다. 그렇지만 내가 사용할 용어들은 절대적인 철학적 암시들에 매우 빈번하게 나오는 것들이고, 만약 여기서 내가 그것들을 어떻게 사용했는지 설명하지 않는다면 독자들은 혼란에 빠지기 십상일 것이다.

지금까지 나는 **진정한**이라는 형용사를 종종 사용했으며, 이는 일상적인 대화에서 흔히 사용되는 말이다. 내가 말하는 **진정한 수학 진정한 수학자**의 의미는, **진정한 시** 혹은 **진정한 시인**이라고 했을 때의 **진정한**이라는 의미와 마찬가지이며, 앞으로도 그 의미에는 변함이 없을 것이다. 그러나 지금부터 내가 말하는 **실재**(reality)라는 단어에는 두 가지 서로 다른 의미가 내포되어 있다.

우선 **물리적 실재**에 대해서 논해 보자. 여기서 내가 말하는 물리적 실재는 일반적인 의미에서의 것이다. 물리적 실재란 물질적인 세계, 다시 말해 낮과 밤이 교차하고 지진과 일식이 일어나는, 물리학에서 설명하려 애쓰는 세계를 의미한다.

여기까지는 내 말이 어렵다고 생각하는 독자들이 거의 없을 것이다. 그렇다면 지금부터 좀더 난해한 문제에 접근해 보자.

나를 포함한 대부분의 수학자들에게는 또 다른 **실재**가 존재하는데, 나는 그것을 '수학적 실재'라고 부르기로 하겠다. 이 **수학적 실재**의 특성에 관해서는 수학자들이나 철학자들 사이에 전혀 동의된 바가 없다. 일각에서는 수학적 실재란 다분히 **정신적인** 것으로서, 어떤 의미에서 보면 우리가 그것을 만드는 것이라고 주장한다. 그런가 하면 또 다른 일각에서는 수학적 실재란 우리의 외부에 있는 독립적인 것이라고 말한다. 그러므로 수학적 실재에 대해 그럴 듯한 설명을 할 수 있는 사람은 이미 형이상학의 난해한 문제들을 상당 부분 해결했다고 볼 수 있을 것이다. 또한 그 설명에 물리적 실재를 포함시킬 수 있다면, 형이상학의 모든 문제를 푼 것이나 다름없다.

물론 내가 이러한 문제들에 대해 논하고자 하는 것은 아니다. 설사 내게 그럴 만한 능력이 있다고 하더라도 지금 그렇게 하고 싶지는 않다. 다만 나는 소소한 오해들을 피하기 위해 이 문제에 관련된 나의 견해를 독단적으로 밝히고자 한다.

개인적으로 나는 수학적 실재가 우리의 외부에 존재하며, 우리의 역할은 그 실재를 발견 또는 관찰하는 것이라고 생각한다. 그러므로 우리가 증명했거나, 우리의 **창조물**인 것처럼 잘난 척하며 떠들어대는 수학적 정리는 다만 우리가 관찰한 것에 대한 기록일 뿐이다. 이는 플라톤을 필두로 하는 저명한 철학자들에 의해 지금까지 여러 가지 형태로 주장되어 온 견해이며, 내가 생각하는

수학적 실재도 이런 맥락과 통한다.

철학을 싫어하는 독자라면 표현을 달리할 수도 있겠지만, 결론만큼은 크게 다르지 않을 것이다.

23

순수수학과 응용수학 간의 차이점은 아마도 기하학에서 가장 극명하게 드러날 것이다. 순수 기하학(이 논의를 위해서는 수학에서 소위 **해석기하학** 이라고 말하는 것을 순수기하학으로 보아야 할 것이다)의 범주에는 사영기하학, 유클리드 기하학, 비(非)유클리드 기하학, 기타 등등 여러 종류의 기하학이 포함된다.

이 각각의 기하학은 일종의 모형, 즉 아이디어의 패턴으로서, 그 특정한 패턴의 아름다움과 재미에 따라 평가를 받는다. 이러한 기하학은 일종의 지도 혹은 그림이며, 여러 사람의 손에 의한 합작품이고, 수학적 실재의 어느 한 부분에 대한 부분적이고 불완전한(그 한정된 부분만큼은 정확하겠지만) 사본일 뿐이다. 그러나 지금 우리가 주목해야 할 사실은 어쨌든 순수기하학이 묘사하지 않는 것이 한 가지 있다는 점이다. 그것은 물리적 세계의 시간과 공간적 실재이다. 물론 지진과 일식이 수학적 개념이 아니므로 이는 당연한 일이다.

이는 전문 수학자가 아닌 사람에게는 다소 역설적으로

들릴지도 모른다. 그러나 기하학자에게 이것은 자명한 이치이다. 한 가지 실례를 통해 보다 명확히 설명하자면 다음과 같다.

내가 평범한 유클리드 기하학과 같은 기하학의 한 체계에 대해 강의를 하고 있다고 상상해 보자. 나는 학생들의 상상력을 자극하기 위해 칠판에 대충 그림을 그린다. 직선 또는 원, 혹은 타원이다.

여기서 분명한 사실은 내가 증명하는 정리의 진실성이 내가 그린 그림의 질과는 아무런 상관이 없다는 점이다. 그 그림의 역할은 단지 나의 의도를 학생들에게 전달하는 것뿐이다. 그리고 그렇게 해서 내 의도를 제대로 전달할 수만 있다면, 설사 가장 뛰어난 제도공을 시켜 그림을 다시 그리게 해도 더 나아질 것은 없다. 그림은 교수법에 따른 예해일 뿐이며, 그 강의의 실질적 내용의 일부는 아닌 것이다.

그렇다면 논의를 한 단계 더 진행시켜 보자. 내가 강의를 하고 있는 공간은 물리적 세계의 일부로서, 특정한 패턴을 가지고 있다. 이러한 패턴을 연구하는 것, 즉 물리적 세계의 일반적인 패턴을 연구하는 것은 그 자체로서 하나의 과학이며, 우리는 그것을 **물리기하학**이라고 부른다.

 이제 그 공간 안에 격렬한 발전기나 인력에 끌리는 거대한 몸체가 들어왔다고 상상해 보자. 물리학자는 이러한 상황을 가리켜 **공간의 기하학이 변화되었다**, 다시 말해 **물리적인 패턴이 아주 약간이나마 절대적으로 왜곡되었다**고 표현할 것이다. 그렇다면 내가 증명했던 정리 또한 거짓이 되는 것일까?

 나의 증명이 이러한 공간적 상황의 변화에 의해 조금이라도 영향을 받았으리라는 것은 터무니없는 난센스다. 이는 독자가 셰익스피어의 작품을 읽다가 책장 위에 차를 엎지르는 바람에 그의 작품 자체가 변했다고 생각하는 것과 마찬가지이다. 작품은 그것이 인쇄된 낱낱의 책장과는 별개로 독립된 것이다. 같은 이치로 **순수기하학**또한 강의실이나 기타 물리적 세계의 세부 사항과는 완전히 개별적인 독립체이다.

 이상은 순수수학자들의 입장에서 본 견해이다. 당연히 응용수학자나 수리물리학자들의 견해는 이와 다르다. 왜냐하면 그들은 나름대로 독특한 구조와 패턴을 가진 물리적 세계 자체에 관심이 있기 때문이다.

 우리는 순수기하학의 패턴을 설명하듯이 이 패턴을 정

확하게 설명할 수는 없지만, 한 가지 중요한 점을 말할 수는 있다. 그 패턴의 구성 요소 간의 관계에 대해 때로는 아주 정확하게 때로는 아주 개략적으로 설명할 수 있는 것이다.

아울러 그것을 순수기하학 중 한 체계의 구성 요소 간의 관계와 비교하는 것도 가능하다. 또한 그 두 가지 관계의 유사점을 찾아낼 수도 있다. 그렇게 되면 물리학자도 순수기하학에 흥미를 갖게 될 것이고, **물리적 세계의 사실에 부합하는** 하나의 지도가 만들어질 것이다.

기하학자는 물리학자에게 선택할 수 있는 일련의 지도들을 제공한다. 그 가운데 한 지도가 나머지 것들보다 사실에 더 부합하게 되면, 그 특정한 지도를 제공한 기하학은 응용수학에 있어 가장 중요한 분야가 될 것이다.

나는 제 아무리 철저한 순수수학자도 이러한 기하학에는 찬탄을 금치 못할 거라고 생각한다. 물리적 세계에 전혀 관심을 느끼지 못하는 수학자는 아무도 없기 때문이다. 그러나 이러한 유혹에 굴복하는 한, 자신의 순수한 수학적 입장은 포기하게 될 것이다.

24

이 대목에서 제기되는 또 하나의 의견이 있다. 물리학자들은 이에 대해 모순적이라고 생각할지도 모르지만, 그것도 18년 전보다는 훨씬 정도가 약한 모순일 것이다.

나는 이것을 표현함에 있어 1922년 영국 학술 협회 A 지부를 대상으로 한 연설에서 내가 했던 말을 그대로 인용하고자 한다. 당시에 청중은 거의 대부분 물리학자들이었고, 나는 문제의 그 부분에 대해 좀더 도발적으로 말할 수도 있었지만 그러지 못했다. 하지만 그때 내가 했던 이야기의 본질에 대해서는 지금도 생각의 변화가 없다.

서두에서 나는 수학자와 물리학자의 입장 차이가 통상적으로 생각하는 것만큼 크지는 않다고 말했다. 그러면서 내가 생각하기에 가장 중요한 차이점은 수학자가 훨씬 더 직접적으로 현실과 관계를 맺고 있다는 것이라고 덧붙였다. 어쩌면 이 말은 모순처럼 들릴지도 모른다. 왜냐하면 보통 **실재**라고 묘사되는 주제를 다루는 것은 오히려 물리학자 쪽이기 때문이다. 그러나 아주 조금만 더 생각해 보면, 물리학자가 다루는 실재라는 것은 상식적인 차원에서 보는 실재의 특성을 거의 한 가지도 갖고 있지 않다는 것을 알 수 있다. 그들에게 의자는 소용돌이치는 전자들의 집합물일 수도 있고, 신의 마음속에 있는 하나의 아이디어일 수도 있다. 이들 각각의 설명은 나름대로 장점을 가지고 있지만, 어느 쪽도 상식적인 생각과는 일치하지 않는다.

계속해서 나는 물리학자나 철학자 모두 지금껏 **물리적 실재**가 무엇인지에 대해서는 납득할 만한 설명을 하지 못했다는 점을 강조했다. 또한 물리학자가 어떻게 사실 혹은 감각의 혼란스런 덩어리에서 출발하여 소위 **실재적**이라고 부르는 대상들을 구성하게 되었는지 그 과정에 대해서도 그럴 듯한 설명이 제시된 적은 없었다고 말했다. 그러므로 우리는 물리학이라는 주제가 무엇인지 안다고 할 수 없다. 그렇다고 해서 물리학자가 하고자 하는 일이 무엇인지 개략적으로도 이해하지 못하는 것은 아니다. 분명 물리학자는 가공되지 않은 사실들의 복잡한 덩어리를 추상적 관계라는 절대적이고 질서정연한 조직과 연계시키는 일을 하고 있으며, 이 조직은 오직 수학에서만 빌려올 수 있는 것이다.

반면에 수학자는 자기 자신의 수학적 실재를 다룬다.

여기서 말하는 실재에 관한 한 나는 제 22장에서 설명한 바와 같이, **이상적**이 아닌 **현실적**인 관점을 취하고자 한다. 어쨌거나(이것이 나의 주요 논점이었다) 현실적인 관점은 물리적 실재보다 수학적 실재에 훨씬 더 어울린다. 왜냐하면 수학적 대상은 보기보다 더 현실적이기 때문이다. 의자나 별은 겉보기와는 전혀 다르다. 우리가 의자나 별에 대해 생각을 많이 하면 할수록, 그 윤곽선은 그것을 둘러싼 감각의 아지랑이 속에서 점점 더 흐려져 간다. 그러나 숫자 2 나 317 은 감각과 아무런 상관이 없으며, 우리가 보다 자세히 연구하면 할수록 그 특성이 더욱 선명하게 부각된다. 그러므로 현대 물리학은 이상적 철학의 범주에 가장 잘 어울릴지도 모른다.

나는 그렇다고 생각하지 않지만, 저명한 물리학자 중에는 그렇게 말하는 이들이 상당수 있다. 반면에 순수수학은 모든 이상주의를 무너뜨리는 바위와 같다. 예를 들어, 317 이 소수인 까닭은 우리가 그렇다고 생각해서라거나 우리의 정신이 그런 식으로 형성되어서가 아니라, 실제로 그렇기 때문이며, 수학적 실재가 그런 식으로 이루어져 있기 때문이다.

25

순수수학과 응용수학 간의 이 같은 차이는 그 자체로 서 중요하다. 그러나 수학의 **유용성**에 관한 우리의 논의 에 있어 이러한 차이점이 갖는 의미는 극히 미미하다.

제 21장에서 나는 페르마를 비롯한 여타 위대한 수학 자들의 **진정한** 수학에 대해 언급한 바 있다.

다시 한번 말하자면, **진정한** 수학은 고대 그리스 수학 처럼 영원불변한 미학적 가치를 지니고, 최고의 문학 작 품처럼 수천 년이 지난 후에도 수많은 사람들에게 강렬 한 감정적 만족을 변함 없이 제공할 수 있다.

진정한 수학자들은 대부분 순수수학자였다(물론 당시 에는 오늘날만큼 순수수학과 응용수학이 정확히 분리되 지 않았다). 하지만 내가 고려한 것은 순수수학만이 아니 었다. 맥스웰[1]이나 아인슈타인, 에딩턴[2], 디랙[3]등도 내가 생각하는 **진정한** 수학자의 범주에 포함된다.

---

[1] J.C. Maxwell 1831~1879 영국의 물리학자
[2] A.S. Eddington 1882~1944 영국의 천문학자, 이론물리학자. 천체물리학과 우주론에 공헌하였다.
[3] P.A.M. Dirac 1902~1984 영국의 이론물리학자

현대 응용수학의 위대한 성과물은 상대성과 양자역학 분야에서 나왔는데, 이러한 주제들은 어쨌거나 오늘날 거의 수론만큼이나 **무용한** 것으로 여겨진다. 선이나 악을 위해 이용되는 것은 순수수학의 경우와 마찬가지로 응용수학 중에서도 가장 지루하고 초보적인 부분들이다.

시간이야말로 이 모든 것을 바꿀 수 있을 것이다. 행렬이나 집합, 기타 순수 수학적 이론들이 현대 물리학에 응용될 거라고 예상했던 이는 아무도 없었다. 그러므로 **고상한** 응용수학의 한 분야가 예상치 못한 방식으로 **유용해질** 수도 있을 것이다. 하지만 지금까지의 증거로 결론을 내리자면, 어떤 분야를 막론하고 실질적인 생활에 도움이 되는 것은 평범하고 지루한 것들뿐이다.

언젠가 에딩턴이 **유용한** 과학의 매력 없음에 대하여 재미있는 예화를 제시한 바 있다. 영국 학술 협회가 리즈[1]에서 모임을 가졌는데, 회원들이 **양모 공업**을 위한 과학의 응용법에 대해 듣고 싶어하는 분위기였다. 그러나 이를 위해 마련된 강의 및 실연(實演)은 모두 대실패로 돌아갔다.

---

1) 영국 잉글랜드 웨스트요크셔 주에 위치한 영국 최대의 양모 공업 도시

회원들(리즈 시민이거나 아니거나)은 다들 재미를 원했지만 **모직**은 어느 모로 보나 재미있을 만한 소재가 아니다. 따라서 이러한 강의의 출석률은 몹시 실망스러웠다. 반면에 크노소스[1]의 발굴이나 상대성 이론, 또는 소수 관련 이론에 관해 강의를 한 이들은 청중의 반응에 기뻐할 수 있었다.

---

1) Knossos, 고대 크레타의 도시

26

수학에서 유용한 분야는 어떤 것일까?

우선(초등학교부터 고등학교까지) 학교에서 배우는 수학의 대부분, 즉 산술, 초등대수학, 유클리드 기하학, 초등미적분학 등은 모두 유용하다. 이때 사영기하학처럼 **전문가들**이 배우는 내용은 마땅히 제외되어야 한다. 응용수학의 경우에는 기초 역학이 유용하다고 할 수 있다(학교에서 배우는 전기학은 물리학으로 분류해야 한다).

다음으로, 대학에서 다루는 수학 또한 상당 부분이 유용하다. 이 중 일부는 중·고교에서 배운 수학의 발전된 형태로서 기술적인 측면에서 좀더 세련되었다고 할 수 있다. 또한 전기학이나 유체역학 같은, 물리학에 보다 가까운 분야들도 어느 정도 유용하다. 여기서 우리는 지식을 보유하고 있는 것은 언제나 장점이 될 수 있다는 것을 기억해야 한다.

최소한의 필수적인 지식만을 가진 수학자는 아무리 노련하다고 해도 심각한 핸디캡을 느낄 것이다. 이런 이유로 우리는 모든 표제 하에 약간의 말을 덧붙여야만 한다. 어쨌든 우리의 일반적인 결론은, 우수한 공학자나 온건한 물리학자가 필요로 하는 수학이야말로 유용한 수학이며, 이는 곧 이렇다 할 미학적 장점을 갖지 못한 수학이라는 뜻과 일맥상통한다는 것이다. 예컨대 유클리드 기하학은 지루한 한도에서만큼 유용하다. 우리가 원하는 것은 평행선 공리나 비례론, 정오각형의 작도법 따위가 아니다.

우리의 결론 가운데 다소 특별한 점은, 순수수학이 대체적으로 응용수학보다 확실히 더 유용하다는 것이다. 순수 수학자는 미학적인 측면은 물론 실용적인 측면에서도 응용수학자보다 우위에 있는 것 같다. 그 이유는, 무엇보다 유용한 것이 바로 **테크닉**이며, 수학적 테크닉은 주로 순수수학을 통해 습득되기 때문이다.

내가 수리물리학을 비방하려는 것은 결코 아니다. 수리물리학이야말로 중대한 문제들을 안고 있는 훌륭한 학문으로서, 이를 위해 최고의 우수한 상상력들이 분방하게 가동되어 왔다. 그러나 어떤 면에서는 평범한 응용 수학자의 처지가 조금 애처롭지 않은가?

응용 수학자가 유용해지려면 반드시 단조로운 방식의 일을 해야 하고, 정상에 오르고 싶을 때에도 자신의 상상력을 마음대로 발휘할 수조차 없다. 이렇듯 어리석게 만들어진 **실재** 세계보다는 **상상의** 세계가 훨씬 더 아름답다. 응용 수학자의 상상력이 창출해낸 최고의 산물들 중 대부분은, 사실에 부합하지 않는다는 야만적이지만 충분한 이유를 근거로 틀림없이 만들어지자마자 거부당할 것이다.

물론 우리의 일반적인 결론은 극명하게 드러난다. 우리가 잠정적으로 동의한 바대로, 만약 유용한 지식이란 것이 현재 혹은 비교적 가까운 미래에 인류의 물질적 평안에 공헌할 것 같은 지식을 의미하며 단순한 지적 만족과는 전혀 무관한 것이라면, 고등수학은 상당 부분 무용하다고 말할 수 있다.

현대의 기하학과 대수학, 수론, 집합론과 함수론, 상대성 이론, 양자역학 등은 모두 이러한 평가 기준에 미달되고, 이를 근거로 했을 때 삶이 정당화될 수 있는 진정한 수학자는 단 한 명도 없다. 이러한 평가 기준 하에서라면, 아벨이나 리만, 푸앵카레[1]는 모두 삶을 허비한 셈이 된다. 이들은 인류의 평안에 공헌한 바가 거의 없으

---

1) J.H. Poincare 1854~1912 프랑스의 이론물리학자, 수학자

므로, 이들이 없어도 세상은 변함 없이 **행복한** 공간이었을 것이다.

혹자는 내가 생각하는 **유용성**이라는 개념이 지나치게 편협하며, 오직 **행복** 또는 **평안**이라는 측면에서 유용성을 규정짓는다고 비난할지도 모른다. 또한 내가 최근 작가들이 매우 다양한 방법으로 공감하면서 강조해온, 수학의 일반적인 **사회적** 효과들을 간과했다는 의견도 있을 수 있다. 이러한 이유에서 화이트헤드(그는 아직 수학자이다)는 **수학적 지식이 인류의 삶과 일상적 직업, 사회 조직에 미치는 중대한 영향력**에 대해 말하고 있다.

호그벤(그는 진정한 의미의 수학에 대해 화이트헤드가 동정적인 것만큼이나 비동정적이다)은 "크기와 순서의 원리인 수학적 지식이 없다면, 모두가 여유롭고 누구도 궁핍하지 않은 합리적인 사회를 구상할 수 없다"고 말한다.

나는 이러한 말들이 수학자들에게 커다란 위로가 될 거라고는 생각하지 않는다. 이 두 사람의 말은 극도로 과장되었으며, 둘 다 매우 명백한 차이점을 간과하고 있다.

호그벤의 경우, 이는 아주 당연한 것이다. 왜냐하면 그는 분명 수학자가 아니기 때문이다. 그가 의미하는 수학은 그 자신이 이해할 수 있는 수학이며, 내가 **학교** 수학이라고 부르는 수학이다. 이러한 수학은 앞서 나도 인정했다시피 꽤 유용하다. 경우에 따라서는 이를 **사회적으로** 유용하다고 할 수도 있을 것이다.

호그벤은 이러한 유용성을 강조하기 위해 수학적 발견의 역사상 흥미로운 몇 가지 사실들을 동원하기도 한다. 호그벤의 저서에 장점이 있다면 바로 이 부분일 것이다. 왜냐하면 수학자였던 적도 없고 앞으로 수학자가 될 일도 없는 독자들에게 수학에는 그들이 생각하는 것 이상의 무언가가 있다는 점을 분명하게 알리기 위해서 수학의 유용성만큼 좋은 소재는 없기 때문이다. 그러나 호그벤은 **진정한** 수학에 대해 전혀 이해하지 못하고 있다(피타고라스의 정리나 유클리드, 아인슈타인 등에 대하여 그가 하는 말을 읽은 사람이라면 누구나 즉시 깨닫게 될 것이다).

그런 그가 진정한 수학에 대해 공감할 가능성은 더욱이 없다(그는 이 점을 보여주기 위해 수고를 아끼지 않는다). 그에게 있어 **진정한** 수학이란 다만 경멸스러운 동정의 대상일 뿐이다.

화이트헤드의 경우, 문제가 생긴 이유는 수학에 대한

이해나 공감이 부족해서가 아니다. 그는 자신이 잘 알고 있는 차이점들을 열정에 넘친 나머지 잠시 잊고 있을 뿐이다. 그의 표현대로 **인류의 일상적인 직업과 사회 조직에 중대한 영향력**을 미치는 수학은 화이트헤드식 수학이 아니라 호그벤식 수학이다. **평범한 사람들에 의해 평범한 목적을 위해** 이용될 수 있는 수학은 하찮은 것이며, 같은 맥락에서 경제학자나 사회학자가 이용할 수 있는 수학은 **학문으로서의 자격 미달**이다.

화이트헤드식 수학은 천문학이나 물리학에 심오한 영향을 미칠 수 있고 철학에도 어떤 작용을 하는 것이 분명하다. 한 분야의 고매한 생각은 언제나 또 다른 분야의 고매한 생각에 영향을 미치게 마련이기 때문이다. 그러나 그 밖의 다른 분야의 경우, 화이트헤드식 수학이 미치는 영향력은 극히 미미하다. 그가 말하는 '중대한 영향력'은 일반적인 인간들이 아니라 화이트헤드 자신 같은 인간에게만 작용해 온 셈이다.

27

 그렇다면 수학은 크게 두 가지 종류로 나뉘어진다고
할 수 있을 것이다. 진정한 수학자에 의한 진정한 수학
과, **하찮은** 수학이다('하찮다'라는 표현 외에 달리 적당한
단어를 찾기가 힘들다).

 하찮은 수학은 호그벤이나 그와 뜻을 같이 하는 여타
인물들에 의해 정당화될 수 있다. 그러나 진정한 수학을
옹호하는 이들은 찾아보기 힘들다. 진정한 수학을 정당
화하려면, 그것을 하나의 예술로서 고찰해야 한다. 이는
결코 모순적이거나 유별난 시각이 아니며, 수학자들이
일반적으로 견지하는 입장도 바로 이런 것이다.

 여기서 생각해 보아야 할 의문점 한 가지가 더 있다.
앞서 우리는 하찮은 수학은 대체적으로 유용하고, 진정한
수학은 대체적으로 그렇지 않다고 결론지었다. 또한 어떤
면에서 하찮은 수학은 **선을 행하고**, 진정한 수학은 그렇지
않다고도 했다. 그러나 우리는 이 두 종류의 수학 중에
악을 행하는 것이 어느 쪽인지도 알아야만 한다.

 평화의 시기라면 이 두 가지 수학 중 하나가 악을 행

하리라고 생각하는 자체가 모순일 수 있다. 그렇다면 수학이 전쟁에 미치는 영향력은 어떨까? 이 질문에 대해 냉철하게 논의하기란 현시점에서 상당히 어려운 일이다. 할 수만 있다면 이 같은 질문은 피해 가고 싶지만, 어느 정도의 논의는 불가피한 듯하다. 다행히도 이 문제에 대해 길게 이야기할 필요는 없을 것 같다.

진정한 수학자에게 위안이 되는 한 가지 결론이 있다. 진정한 수학은 전쟁에 아무런 영향을 주지 않는다는 사실이다. 수론이나 상대성이론이 전쟁과 관련된 목적에 이용된 경우는 지금껏 단 한 번도 없었고, 앞으로도 수년 간 그럴 일은 없을 것 같다. 사실 응용수학의 세부 분야 가운데는 탄도학이나 항공역학처럼 전쟁을 위해 의도적으로 개발되었고 고도의 정교한 기술을 요구하는 학문이 있기도 하다. 이러한 것들을 **하찮다**고 부르기는 어려울지 모르지만, **진정한** 수학의 대열에 낄 수 있는 것은 한 가지도 없다. 이 같은 학문들은 역겨울 만큼 추악하고 참을 수 없이 지루하다. 리틀우드조차도 탄도학을 존중할 만한 학문으로 만들지는 못했는데, 또 다른 누가 그 일을 할 수 있단 말인가? 이런 점에서 진정한 수학자는 양심에 거리낄 것이 없다. 그의 연구가 갖는 가치를 두고 반박할 수 있는 근거는 전혀 없다. 그러므로 내가 옥스퍼드대에서 말했던 것처럼, 진정한 수학은 **무해하고 순수한** 학문이다.

이와는 달리 하찮은 수학은 전쟁에 다양하게 응용된다. 예를 들어, 총포 전문가나 항공기 설계사는 수학의 도움을 받지 않고는 일을 할 수가 없다. 이처럼 수학을 응용했을 때 나타나는 효과는 분명하다. 수학은 현대의 과학적이고 **총체적인** 전쟁을 (물리학이나 화학만큼 확실하게는 아니더라도) 용이하게 만든다.

이 같은 사실이 과연 누가 보기에도 유감스러운 것인지는 생각만큼 확실치 않다. 현대의 과학적인 전쟁에 대하여 두 가지 극명히 대립되는 시각이 존재하기 때문이다. 가장 명백한 첫번째 시각은, 과학이 전쟁에 미치는 효과란 단지 직접 싸워야 하는 소수의 고통을 증가시키고 그것을 다른 사람들에게까지 퍼뜨림으로써 전쟁의 공포를 확대시킬 뿐이라는 것이다.

이는 가장 당연하고도 정통적인 시각이다. 그러나 이와는 상반된 것으로서 나름대로 논리적인 의견도 있다. 이는 홀데인[1]이 그의 저서 《칼리니쿠스-화학전에 대한

---

1) J.B.S. Haldane 1892~1964 영국의 생리학자, 유전학자

변론 Callinicus: a Defense of Chemical Warfare》(1924)에서 강력하게 주장했던 바이기도 하다.

그는 현대의 전쟁이 전(前) 과학 시대의 전쟁보다 덜 끔찍하다고 말한다. 총검보다는 폭탄이 오히려 고통이 덜하기 때문이라는 것이다. 덧붙여 최루 가스와 이페릿(미란성 독가스)은 지금까지 군사 과학이 만들어낸 무기들 중에서 가장 우아하며, 과학과 전쟁의 관계에 대한 정통적 시각은 막연한 감상주의에 근거한 것일 뿐이라는 것이 홀데인의 견해이다.(나는 이처럼 오용된 '감상주의'라는 단어에 의해 우리가 직면하고 있는 문제를 섣불리 판단하고 싶지 않다. **감상주의**라는 말은 일종의 불안한 감정을 지칭할 때 아주 적절하게 사용될 수 있다. 물론 많은 사람들이 타인의 온건한 감정을 매도할 때 **감상주의**라는 단어를 사용하고, **사실주의**라는 말로써 자신의 야만성을 위장한다)

이러한 관점에서 보자면 다음과 같은 주장이 나올 수도 있다(실제로 홀데인이 이런 견해를 갖고 있었던 것은 아니다).

"과학이 가져올 위험을 균등하게 배분하는 것이 결국에는 유익할 것이다. 민간인의 생명이 군인의 생명보다,

여자의 생명이 남자의 생명보다 더 가치 있는 것은 아니다. 최악의 상황은 특정한 계층에 야만성이 집중되는 것이다."

이 모든 주장을 요약하면, 전면적인 전쟁이 빨리 일어날수록 더 좋다는 것이다.

이상의 두 가지 견해 가운데 어느 것이 더 진실에 가까운지는 나도 알 수 없다. 과학과 전쟁의 관계는 절박하고도 선동적인 문제이지만, 여기서 더 이상 그것을 논할 이유는 없다. 이 문제는 오직 **하찮은** 수학과 관련된 것이므로, 이에 대해 이러쿵저러쿵 변론해야 할 당사자는 내가 아니라 호그벤일 것이다. 이 문제로 인해 호그벤의 수학은 상당한 타격을 입겠지만, 나의 수학과는 전혀 상관이 없다.

사실 한 가지 더 논의할 사항이 남아 있기는 하다. 전쟁에 있어 진정한 수학이 이용되는 한 가지 목적이 있기 때문이다. 온 세상이 미쳐 돌아갈 때, 수학자는 수학에서 최고의 진통제를 찾아낼 수 있다.

수학이야말로 모든 예술과 과학 중에서도 가장 엄격하고 가장 냉담한 학문이며, 수학자는 다른 어떤 이보다도 가장 쉽게 피난처를 찾을 수 있다. 이 피난처는 버트란드 러셀의 표현대로 "우리의 고상한 욕구 중 최소한 하나가 현실이라는 쓸쓸한 유배지로부터 탈출하여 쉴 수 있는 곳"이다. 그러나 안타깝게도 한 가지 심각한 제한 조건이 있다. 너무 늙은 사람은 수학이라는 피난처에 갈 수가 없다는 것이다.

수학은 관조적인 학문이 아니라 창조적인 학문이다. 따라서 무언가를 창조하기 위한 능력이나 욕구를 상실한 후에는 결코 그것으로부터 커다란 위안을 얻을 수 없다. 수학자의 경우 이러한 시기가 다소 일찍 찾아오는 편이다. 이는 안타까운 현실이지만, 어차피 그런 입장에 놓인 사람은 그다지 크게 중요하지 않다. 그러므로 그런 사람을 두고 걱정하는 것은 어리석은 일일 것이다.

28

이제 지금까지 내린 결론을 보다 사적인 방식으로 요약하면서 이 책을 마무리짓고자 한다.

서두에서 나는 자기가 연구하는 학문을 변론하고자 하는 사람은 곧 자기 자신을 변론하는 것과 같다고 말한 바 있다. 또한 전문 수학자의 삶을 정당화하려는 나의 시도는 근본적으로 나 자신의 삶을 정당화하는 것일 수밖에 없었다. 따라서 결론이 되는 이 마지막 장은 본질적으로 내 자서전의 한 단편이 될 것이다.

내가 기억하는 한, 나는 지금껏 수학자가 아닌 다른 직업을 가지고 싶어했던 적이 단 한 번도 없었다. 내가 수학에 특별한 재능을 갖고 있다는 것이 분명했으므로, 선배들의 의견을 물어야겠다는 생각은 전혀 들지 않았다. 어린 시절, 나는 수학에 대해 **열정**을 갖지는 않았던 것 같다. 당시에 수학자라는 직업에 대해 내가 가졌던 생각은 고상함과는 거리가 먼 것이었다. 수학이라 하면 곧 시험이나 장학금 같은 단어와 연결지어 생각되었을 뿐이다. 나는 그저 다른 친구들보다 앞서고 싶었고, 악착같이 공부할 수 있었던 것도 바로 이런 이유에서였다.

내 야망이(다소 이상한 방식으로) 보다 뚜렷해진 것은 열다섯 살 무렵이었다. 나는 '앨런 세인트 오빈(매튜 마샬의 아내인 프랜시스 마샬을 지칭함)'이 쓴 《트리니티의 특별 연구원 A Fellow of Trinity》이라는 책을 읽게 되었다.

이 책은 케임브리지 대학교의 생활을 다룬 시리즈 중에 한 권으로, 마리 코렐리[1]의 작품들보다 더 형편없는 것이다. 그러나 그것이 어느 영리한 소년의 상상력에 불을 붙일 수 있다면, 전적으로 나쁘다고만 볼 수는 없을 듯하다.

이 책에는 두 인물이 등장하는데, 거의 완벽할 정도로 훌륭한 청년 플라워즈가 주인공이고, 그보다 믿음직하지 못한 청년 브라운이 조연으로 나온다. 플라워즈와 브라운은 대학 생활 중에 갖가지 위험 요소와 맞닥뜨리게 된다. 그 중에서도 가장 심각한 것은 체스터튼(실제 체스터튼에는 그다지 특별한 점이 없다)의 도박장이다.

이 도박장의 주인인 벨렌든 자매는 매력적이지만 극도

---

1) M. Corelli 1854~1912, 영국의 여류 소설가

로 사악한 젊은 여자들이다. 플라워즈는 이 모든 난관을 극복하여, 수학 학위 시험에서 차석을, 고전 학위 시험에서 수석을 차지하고 이어서 자동적으로 특별 연구원의 자격을 얻는다. 그러나 브라운은 유혹에 굴복하여 부모를 실망시키고, 알콜 중독에 빠져 중풍성 섬망증에 걸리는데, 천둥과 비바람이 몰아치던 어느 날 부학생감의 기도를 통해 겨우 살아난다. 그는 학사 학위를 받는 것도 힘겨워하다가 결국 선교사의 길을 택한다. 이처럼 불행한 사건이 계속되는 중에도 두 청년의 우정은 변함 없이 유지된다.

플라워즈는 상급 연구원 휴게실에서 호두를 안주로 포트와인을 마시면서 한없는 애정과 연민을 담아 친구인 브라운을 추억한다.

이제 플라워즈는(이 책의 작가가 표현할 수 있는 한) 케임브리지 대의 어엿한 특별 연구원이다. 그러나 철없던 어린 시절의 내가 보기에도 플라워즈가 그다지 영리하다고는 생각되지 않았다. 하물며 그런 사람이 이 모든 일을 해냈다면, 나라고 하지 못할 이유가 있을까? 특히 연구원 휴게실에서의 마지막 장면은 나를 완전히 매료시켰다. 그때부터 내 전용 휴게실을 얻을 때까지, 나에게 수학은 곧 **케임브리지 대의 특별 연구원 자격증**을 의미했다.

케임브리지에 왔을 때, 나는 특별 연구원이란 창의적인 일을 하는 사람임을 즉시 알 수 있었다. 그러나 내가 연구라는 것에 관해 명확한 개념을 습득한 것은 그보다 훨씬 이전의 일이다. 물론 모든 예비 수학자들과 마찬가지로 나도 초·중등학교 시절에 내가 선생님보다 훨씬 나을 때가 자주 있다는 사실을 깨달았다. 그 빈도는 훨씬 더 낮지만 케임브리지 대에서도 때로는 내 실력이 교수보다 더 낫다고 생각할 때가 있었다. 그럼에도 불구하고 나는 실제로 몹시 무식했다. 심지어 장차 남은 인생을 모두 바쳐 연구하게 될 과목의 우등 시험을 치를 때도 사정은 마찬가지였다. 그리고 그때까지도 나는 수학이 본질적으로 **경쟁적인** 학문이라고 생각하고 있었다.

그런 나의 두 눈을 처음으로 뜨게 해준 것은 다름 아닌 교수의 애정이었다. 그 교수는 내게 몇 가지 용어를 가르쳐 주고, 해석학에 대한 진지한 개념을 내게 처음으로 심어 주었다. 그러나 내가 그분(그 교수는 본래 응용수학자였다)에게 얻은 가장 큰 빚은, 내게 조르당[1]의 유

---

1) M.E.C. Jordan 1838~1922 프랑스의 수학자

명한 저서 《해석학 교정 Cours d'analyse》를 읽어보라고 추천해 준 일이다.

그 훌륭한 저서를 처음 읽었을 때 느꼈던 놀라움을 나는 결코 잊지 못한다. 나와 같은 세대의 수많은 수학자들에게 최고의 영감이 된 이 책은 내게 수학의 참 의미를 처음으로 깨닫게 해주었다. 그 후로 계속해서 나는 건전한 수학적 야망과 수학에 대한 순수한 열정을 지닌 진정한 수학자로서의 길을 걷게 되었다.

그 후 10년 동안 나는 상당량의 저서를 집필했지만, 그 가운데 중요한 것은 거의 없다. 지금까지 꽤 만족스럽게 기억하고 있는 것은 고작 논문 4~5편뿐이다.

수학자로서의 이력에서 실질적인 전환점이 된 것은 그로부터 10~12년쯤 후인 1911년의 일이다. 그때 나는 동료인 리틀우드와 함께 장편의 공동 저서를 집필하기 시작했고, 곧이어 1913년에는 라마누잔[1]을 찾아냈다.

그 뒤로 나의 최고의 역작은 모두 이 두 사람과의 공동 작업을 통해 탄생되었다. 확실히 이들과의 만남은 내 삶에 있어 가장 결정적인 사건이었다. 지금도 나는 기분

---

1) S. Ramanujan 1882~1920 인도의 수학자. 하디에게 보낸 논문이 인정을 받으면서 천재적인 재능을 평가받기 시작했다.

이 우울하거나, 잘난 척하면서 성가시게 구는 사람들의 이야기를 억지로 들어야 할 때마다 나 자신에게 이렇게 말한다.

"그래, 나는 당신들이 절대 꿈도 못 꿀 일을 해냈어. 리틀우드나 라마누잔 같은 사람과 대등한 입장에서 공동 작업을 했단 말야."

내가 늦게나마 원숙해진 것은 다 이 두 사람의 덕택이다. 나의 최고의 전성기는 마흔 살이 조금 넘어 옥스퍼드 대의 교수로 근무하던 시절이었다.

그 후로 나는 조금씩 쇠퇴해 갔다. 이는 나이 든 사람, 특히 나이 든 수학자에게 일반적인 운명 같은 것이다. 수학자는 예순 살에도 여전히 연구를 할 수 있지만, 그에게서 창조적인 아이디어를 기대하는 것은 헛수고일 뿐이다.

이제 나의 삶에 있어 가치가 있을 만한 일은 확실히 모두 끝났다. 앞으로 어떤 일을 한다고 해도 내 삶의 가치가 눈에 띄게 증진되거나 하락하는 일은 없을 것이다. 공정한 판단을 내리기는 무척 어렵지만, 나는 내 삶이 **성공적**이었다고 생각한다.

지금껏 나는 나와 비슷한 능력을 가진 사람이 일반적

으로 얻을 수 있는 것보다 더 큰 보상을 받았다. 또한 줄곧 마음 편하고 **품위 있는** 지위를 거쳐오면서도, 대학의 고리타분한 관례와 관련해서는 그다지 크게 속 썩은 적이 없다.

나는 **가르치는 일**을 싫어하는데, 지금껏 그럴 일은 거의 없었다. 내가 해온 **가르치는 일**이란 거의 대부분 연구를 지휘하는 일이었다. 그런가 하면 나는 **강연하기**를 좋아해서 대단히 재능 있는 청중들을 대상으로 여러 차례 강연을 한 바 있다. 또한 내게는 삶의 영원한 큰 기쁨이었던 연구에 몰두할 수 있는 충분한 여유가 있었다. 다른 사람과 함께 일하는 것도 순조로웠고, 두 명의 비범한 수학자와 대규모의 공동 작업을 하기도 했다. 그리고 이 작업을 통해 나는 이성적으로 예상했던 것보다 더 커다란 의미를 수학에 부여할 수 있었다. 물론 다른 수학자들과 마찬가지로 낙심했던 때도 몇 번 있지만, 결코 심각한 것은 아니었고 그로 인해 특별히 불행하다고 생각한 적도 없다.

만약 내가 스무 살이었을 때보다 더 나을 것도 못할 것도 없는 삶을 누군가가 제안한다면, 나는 조금도 주저하지 않고 받아들였을 것이다.

내 삶과 관련하여 **더 잘 할 수도 있었을 텐데**⋯ 라는 생각은 우스꽝스러워 보인다. 나는 언어적 재능이나 예술적 재능을 갖추지 못했고, 경험 과학에 대해서도 거의 흥미가 없다. 철학자로서는 그런 대로 역할을 해냈을지도 모르지만, 그다지 독창적인 철학자는 되지 못했을 것이다. 만약 변호사가 되었다면 아주 좋은 평가를 받았을 것 같다. 그러나 학문적 삶 외에 내가 가장 자신 있게 일했을 유일한 분야는 바로 언론계이다. 어쨌거나 일반적인 의미의 **성공**을 판단 기준으로 보았을 때, 내가 수학자가 된 것은 아주 옳은 선택이었음이 분명하다.

만약 내가 원한 것이 안락하고 행복한 삶이었다면, 나의 선택은 옳았다. 하지만 법무사나 주식 중개인, 출판업자 중에서도 안락하고 행복한 삶을 영위하는 사람은 꽤 많다. 그런데 그들의 존재로 인해 세상이 어떻게 더 풍요로워졌는지를 알아내기란 무척 어렵다.

내 삶이 그들의 삶보다는 덜 무익하다고 주장한다면 말이 될까? 다시 한 번 말하지만, 이에 대해서는 단 한 가지 대답밖에 할 수 없을 듯하다. 내 삶은 그들의 삶보다 덜 무익하다고 할 수 있다. 하지만 그렇더라도 그 이유는 하나뿐이다.

그 이유란 내가 **유용한** 일을 전혀 하지 않았다는 것이다. 나의 연구 결과는 세상의 쾌적함을 위해 직접적으로든 간접적으로든, 좋게든 나쁘게든, 어떠한 영향도 끼치지 않았고, 앞으로도 그럴 가능성은 전혀 없다. 그 동안 나는 나와 똑같은 부류의 수학자들을 수련시키는 데 도움을 주었다. 그리고 내가 도움을 준 이상, 그들이 만들어낸 연구 결과 역시 어쨌거나 내 경우와 똑같이 무용한 것이었다.

실용적인 기준에서 보자면, 나의 수학적 삶의 가치는 완전히 빵점 짜리이다. 내게 완전한 무용지물이라는 혐의에서 벗어날 수 있는 기회가 하나 있다면, 그것은 내가 창조할 만한 가치가 있는 것을 창조해냈다는 점이다. 또한 나는 누구도 반박할 수 없는 무언가를 창조해 냈다. 문제는 그 가치에 관한 것이다.

그렇다면 나의 삶, 혹은 수학자로서 나와 같은 의식을 가지고 살아온 다른 누군가의 삶에 대한 변론은 다음과 같다.

나는 스스로 지식에 무언가를 더해 왔으며, 남들이 그렇게 하도록 돕기도 했다. 이 무언가가 갖는 가치는 위대한 수학자의 창조물이 갖는 가치와 비교했을 때 그 종류가 아닌 정도에서만 차이가 난다. 이는 유명세와 상관없이 사후에 일종의 기념비를 남긴 예술가들의 창작물과 비교했을 때도 마찬가지이다.

NOTE

브로드 교수와 스노우 박사는 내게 다음의 두 가지 사항을 지적했다.

첫째는, 과학이 만들어낸 선과 악 사이의 균형적 해결점을 찾으려면, 과학이 전쟁에 미치는 영향에 대해 지나치게 집착해서는 안 된다는 것이었다.

둘째는 과학의 영향력 중에는 전쟁에 대한 것 외에도 순전히 파괴적인 중요한 것들이 아주 많이 있다는 점을 명심하라는 것이었다. 그래서 나는(두번째 지적 사항을 우선적으로 받아들여) 다음의 사실들을 기억하고자 한다.

(a) 전쟁을 위해 인구 전체를 조직화하려면 오직 과학적인 방법을 동원할 수밖에 없다.

(b) 과학은 거의 악을 위해서만 사용되는 선전의 위력을 크게 증가시켰다.

(c) 과학은 **중립**을 거의 불가능하거나 무의미한 것으로 만들었고, 결과적으로 전쟁이 끝난 후 서서히 건전한 사상을 되찾고 복구 작업을 진행시킬 **평화의 섬**은 더 이상

존재하지 않는다. 물론 이상의 내용은 모두 전쟁에 반대하는 입장을 지지하는 것이다. 반면 이러한 논거를 최대한 밀어붙인다손 치더라도, 우리는 과학에 의한 악이 선을 전적으로 능가한다고는 주장할 수 없다. 예를 들어, 각각의 전쟁에서 천만 명이 목숨을 잃는다면, 과학의 순수한 영향력은 여전히 인간의 평균 수명을 증가시킬 것이다. 요컨대 내가 제 28장에서 했던 말은 모두 지나치게 **감상적**이었던 것이다.

위와 같은 비평의 정당성에 대해 논박할 생각은 없다. 그러나 이 책의 서문에서 밝혔던 이유들 때문에 나는 본문에서 이러한 비평들에 대한 변명을 할 수가 없었고, 이렇게 사실을 인정하는 것으로 만족하고자 한다.

또한 스노우 박사는 제 8장에 대해서도 작지만 흥미로운 지적을 했다. "아이스킬로스는 잊혀질지라도 아르키메데스는 영원히 기억될 것이다."라는 주장은 인정한다고 해도, 수학자의 명성이란 모두가 만족하기에는 다소 '익명성'을 띠지 않느냐는 것이다. 사람들은 아이스킬로스의 작품을 통해 그의 개인적 매력까지도 꽤 그럴 듯하게 상상할 수 있지만(셰익스피어나 톨스토이의 경우는 말할 것도 없거니와), 아르키메데스나 에우독서스에 대해 알고 있는 것은 그저 이름뿐이다.

언젠가 트라팔가 광장의 넬슨 동상 앞을 지나던 중 J. M. 로마스 씨가 이 문제를 더욱 흥미롭게 제기했다. 만약 런던에 내 동상이 세워진다면, 모든 사람들이 볼 수 있을 만큼 크게 세워지길 바라느냐, 아니면 형태만 겨우 알아볼 수 있을 정도로 작게 세워지길 바라느냐는 것이다. 나는 물론 전자를 택하겠지만, 아마도 스노우 박사는 후자 쪽일 것이다.

부 록

수학사를 빛낸
세계의 수학자들

수학의 역사는 인류의 역사만큼이나 오래 되었다. 수학의 시작은 수 세기(counting)에서 비롯되었다고 할 수 있다. 물물교환을 할 때나 하다 못해 먹을거리를 나누어 먹을 때도 셈은 필수적이었겠지만, 이 같은 원시적 수 세기를 학문의 범주에 넣기에는 무리가 있을 것이다. 수학이 학문 또는 과학으로서 인식되기 시작한 것은 고대 그리스 시대, 즉 기원전 6세기 경이다.

물론 그 이전에도 4대 문명(나일강 유역의 이집트 문명, 티그리스유프라테스강 유역의 메소포타미아 문명, 인더스 강 유역의 인더스 문명, 황허강 유역의 황허 문명)의 발상지에서는 다른 문화들과 더불어 수학도 상당히 발달했다고 한다.

주요 경제 활동인 농업과 목축을 위해서는 토지를 측량하고, 천문을 관찰하여 홍수의 피해를 막고, 경작한 산물을 분배하는 일이 무엇보다 중요했다. 따라서 문명 초기의 수학의 특징은 농업이나 토목, 건축과 같이 실용적인 산술과 측량에 있었으며, 이로부터 대수와 기하학이 시작되었다고 할 수 있다.

그러나 오늘날까지 기록으로 남아 있는 것은 이집트와 바빌로니아 수학뿐이다. 바빌로니아 인들은 축축한 점토

판에 바늘로 이등변삼각형 모양의 쐐기문자를 새긴 다음 화덕에 구워 그 기록을 영구히 남겼다.

19세기에 발굴된 함무라비 왕조 시대의 점토판은 당시 바빌로니아 인들이 상업과 농업 분야에서 상당히 높은 수준의 산술을 활용했고 60진법의 수 체계를 사용했음을 증명해 주고 있다. 특히 그들은 이차방정식과 연립이차 방정식의 해법을 알고 있었으며, 간단한 3,4차방정식도 해결할 수 있었다고 한다.

이집트 인들은 나일 강변에 자라는 갈대 비슷한 풀로 파피루스라는 종이를 만들어 사용했다. 기원전 1650년경 에 쓰여진 '아메스의 파피루스'에는 농토의 넓이를 구하 는 방법, 분수의 계산법 등 당시의 수학이 기록되어 있 다. 이 기록에 따르면 고대 이집트 인들은 원의 넓이를 지름의 제곱과 같다고 했고, 원기둥의 부피와 삼각형의 넓이, 거대한 피라미드의 부피까지도 구할 수 있었지만, 바빌로니아 인들에 비해 일차방정식 밖에는 다루지 못했 다.

한편 고대 중국과 인도에서는 나무 껍질이나 대나무 같이 썩기 쉬운 재료에 기록을 남겼기 때문에 오늘날까 지 확실하게 전해진 것이 거의 없다.

1. 그리스, 로마, 이집트의 수학자

그리스 인들에 대해 언급하지 않으면서 수학을 설명하기란 불가능하지는 않더라도 매우 어렵다. 하디에 따르면, 수학자들에게 있어 그리스 인들은 총명한 학생이나 학자 지망생이 아니라 **다른 대학의 동료 연구원**같은 존재이다.

그리스 인들은 다양한 분야에 있어 고대 문명으로부터 커다란 영향을 받았다. 특히 수학과 관련해서는 이집트에서 기하학을, 바빌로니아에서 대수학을 배웠다. 그리스 수학을 대표하는 탈레스나 피타고라스, 플라톤도 이집트에 유학하여 그 문화를 접하였다고 한다.

탈레스(Thales, BC 624?~ BC 546?)

그리스 최초의 학파인 이오니아 학파의 시조. 7현인(七賢人) 중에서 최고로 일컬어질 만큼 유명한 수학자 겸 철학자이다.

젊은 시절 그는 대단히 성공한 상인이었는데, 이집트에 행상을 갔을 때 그림자의 길이를 이용해서 피라미드

의 높이를 측정해 이집트 왕을 깜짝 놀라게 했다는 일화
가 있다. 또한 삼각형의 닮은꼴을 이용하여 해안에서 바
다에 떠 있는 배까지의 거리를 측정했다고도 한다.

탈레스가 발견한 정리는 다음과 같다.

* 교차하는 직선의 맞꼭지각은 같다.
* 이등변삼각형의 밑각은 같다.
* 두 삼각형에서 두 변의 길이와 그 끼인각이 같으면
  두 삼각형은 합동이다.
* 두 삼각형에서 두 내각과 그 끼인 변의 길이가 같으
  면 두 삼각형은 합동이다.
* 반원에 내접하는 각은 직각이다.
* 삼각형의 내각의 합은 2직각(180°)이다.
* 두 삼각형의 대응하는 변이 모두 평행하면 두 삼각
  형은 서로 닮음이다.

피타고라스(Pythagoras, BC 582? ~BC 497?)

탈레스의 학문을 이어받은 피타고라스는 '그리스 인 중
가장 현명하고 가장 용감한 인물'로 꼽힌다.

그는 남부 이탈리아의 크로톤에 학교를 세우고, 이오

피타고라스 '그리스인 중 가장 현명하고 가장 용감한 인물'로
'만물은 수이다'라는 근본 원리를 주장했다.

니아 학파의 합리주의를 더욱 공고히 하는 동시에 우주
의 조화, 합리성의 이상으로서의 수학을 목표로 하여 '만
물은 수이다'라는 근본 원리를 주장했다. 수학이라는 말
도 바로 피타고라스 학파에서 창시한 것이라고 전해진
다.

피타고라스 학파는 내부의 일을 철저히 비밀에 부치는
것이 전통이어서, 누가 어떤 발견을 했는지 알 길이 없
으며, 따라서 모든 발견은 피타고라스가 한 것으로 되어
있다.

수론 분야에서 그들이 발견한 것은 형상수, 완전수, 친화수, 부족수, 과잉수 등이고, 기하학에서는 유명한 피타고라스의 정리, 삼각형의 내각의 합에 관한 정리, 면적의 응용, 정오각형의 작도법 등을 증명 또는 발견했다. 피타고라스의 정리에 관해서는 길가에 깔린 타일에서 힌트를 얻었다는 설도 있다.

플라톤(Platon, BC 427~ BC 347)

소크라테스의 제자로서 서양 문화의 철학적 기초를 마련한 플라톤은 전문 수학자는 아니지만 정신 계발에 있어 수학의 가치를 크게 인정했다.

특히 진리의 탐구를 지향하는 사람에게 기하학이 중요하다고 생각하여 자신이 세운 철학 학원인 아카데메이아의 입구에 "기하학을 모르는 자는 들어오지 말라"고 써 붙여 놓았다고 한다. 그는 또한 계산에 대해 다음과 같이 말했다.

"계산에 천부적인 재능을 갖고 태어난 자는 모든 학문을 쉽게 배울 수 있다. 그러나 그렇지 못한 자라 할지라도 기하학을 공부하면 누구든 그만큼 단련할 수 있다.

유클리드 '기하학에 왕도는 없다"그의 이름은
기하학과 동일어로 통한다.

스스로 느끼기에 아무 것도 얻은 것이 없는 것 같아도,
적어도 예전의 자신보다는 학문에 훨씬 예민해졌다는 점
에서 누구보다 진보한 것이다."
　플라톤은 기하학에서 행하는 증명의 합리성에 의해 논
리적 사고력이 길러진다고 생각했다.

　유클리드(Euclid, Eukleides, BC 330?~ BC 275?)
　유클리드는 오늘날까지 기하학과 거의 동일어로 통용

될 만큼 초등수학 분야에서 지대한 영향력을 발휘하고 있다. 그러나 정작 그의 일생에 대한 정확한 기록은 거의 남아있지 않아서, 대표적 저서인 《기하학 원론》을 저술한 것도 그의 나이 35~40세 무렵일 것으로 추측될 뿐이다.

언젠가 자신의 수학 제자인 프톨레마이오스 왕이 공부가 너무 어렵다고 불평하자, "기하학에는 왕도가 없습니다"라는 말을 했다는 일화는 널리 알려져 있다. 《기하학 원론》전반적인 내용은 플라톤 학파의 테아이테토스나 에우독서스 같은 학자들이 얻은 결과에 자신의 연구 결과를 병합하여 집대성한 것으로, 이를 플라톤 학파의 교리에 따라서 공리, 공준, 정의, 정리의 형태로 배열하고 각각의 정리에 엄밀한 증명을 붙였다. 총 465개의 명제를 수록하고 있는 《기하학 원론》전 13권의 간략한 내용은 다음과 같다.

 * 제1권 : 필수적이고 예비적인 정의와 설명 및 공준과
           공리로 시작한다. 정리 중에는 합동, 평행선,
           직선으로 이루어진 도형 등에 관한 친숙한
           정리들이 포함되어 있다. 마지막 부분의 정리

47과 48은 피타고라스의 정리와 그 역이다.

* 제2권 : 비교적 적은 분량의 책으로 14개의 정리가 수록되어 있다. 주로 피타고라스 학파의 기하 대수학을 다루고 있다. 정리 12와 13은 근본적으로 오늘날 코사인 법칙으로 알려진 피타고라스 정리의 일반화이다.

* 제3권 : 39개의 정리가 수록되어 있으며, 원, 현, 할선, 접선, 연관된 각의 측정 등에 관한 정리들을 포함하고 있다.

* 제4권 : 16개의 정리가 수록되어 있으며, 자와 컴퍼스를 이용한 작도, 주어진 원에 내접하는 경우와 외접하는 경우의 작도, 정다각형의 작도 등이 실려 있다.

* 제5권 : 에우독서스의 비율 이론에 관한 자세한 설명이 수록되어 있다. 역사상 수학에 관련된 문헌들 중 가장 훌륭한 걸작의 하나로 꼽힌다.

* 제6권 : 에우독서스의 이론을 닮음 도형의 연구에 응용하고 있다.

* 제7권 : 두 개 이상의 정수에 대한 최대공약수를 구하는 방법(유클리드의 호제법)으로 시작된

아르키메데스 '지렛대의 원리 응용에 뛰어나
"긴 지렛대와 지렛목만 있으면 지구라도 움직여 보이겠다"고
장담했다는 일화가 있을 정도로 지렛대의 원리에 해박했다.

다. 또한 초기 피타고라스 학파의 비율 이론
에 대한 설명도 실려 있다.

* 제8권 : 주로 연비례와 그것과 관련된 등비수열을
다루고 있다.

* 제9권 : 36개의 산술에 관한 중요한 정리들이 실려
있다. '1보다 큰 임의의 정수는 반드시 소
수들의 곱으로 표현될 수 있으며 근본적으
로 단 한 가지 방법으로 표현된다.'는 산술
의 기본 정리를 포함, '소수가 무한히 존재

한다'는 사실에 대한 세련된 증명도 찾아볼 수 있다. 정리 35는 등비수열의 첫 n개의 항의 합에 대한 공식을 기하적으로 유도했고, 마지막 정리인 정리 36에서는 짝수인 완전수를 만드는 놀라운 공식을 증명하고 있다.

* 제10권 : 무리수들, 즉 주어진 어떤 선분과 같은 단위로 잴 수 없는 선분을 다루고 있다.

* 제11권 : 선과 면·면과 면·평행육면체·정육면체·각기둥 등 입체 기하학을 다루고 있다.

* 제12권 : 원의 면적·각뿔·각기둥·원뿔·원기둥·구의 체적(단, 원주율은 쓰지 않음. 원의 면적은 지름의 제곱에 비례하고 구의 체적은 지름의 세제곱에 비례함을 이용)

* 제13권 : 정다면체(정사면체, 정육면체, 정팔면체, 정십이면체, 정이십면체의 다섯 종류만이 정다면체임을 증명함.)

아르키메데스(Arcimedes, BC 287~BC 212)
천문학자 피디아스의 아들로 태어나 젊어서부터 기술

에 재능이 많았던 아르키메데스는 특히 지렛대의 원리 응용에 뛰어났다. 시라쿠사의 왕 히에론 앞에서 "긴 지렛대와 지렛목만 있으면 지구라도 움직여 보이겠다"고 장담했다는 일화는 아주 유명하다.

그는 제 2차 포에니 전쟁에서 지렛대를 이용한 각종 투석기와 기중기 등 신형 무기를 고안하여 로마 대군을 크게 괴롭혔다. 그러나 그는 단순한 기술자가 아닌 훌륭한 기하학자였다. 키케로가 발견한 그의 묘에는 원기둥과 구의 그림이 새겨져 있는데, 이는 그가 죽음을 맞이하기 직전 "구에 외접하는 원기둥의 부피는 그 구 부피의 1.5배이다"라는 정리를 발견했음을 기리기 위한 것이다.

아르키메데스에 대한 또 하나의 유명한 일화는 목욕탕에서 발견한 **아르키메데스의 원리**에 얽힌 것이다. 그는 새로 만든 금관에 불순물이 섞였는지 알아내라는 히에론 왕의 명령을 받았다. 생각에 골몰하던 그는 우연히 목욕탕에 들어갔다가 물 속에서 자신의 몸이 가볍게 느껴진다는 것을 깨달았다.

흥분한 그는 벌거벗은 채 목욕탕 밖으로 뛰어나가 "유레카! 유레카! (알아냈다! 알아냈어!)"를 외치며 시가지를 돌아다녔다. 그리고 마침내 금관과 같은 부피의 순금덩

이를 저울에 달아보고, 저울이 순금 쪽으로 기울자 금관에 불순물이 섞였다는 결론을 내린다. 은이나 구리 등은 금보다 밀도가 작기 때문에 같은 질량의 금보다 그 부피가 더 크다. 따라서 은이나 구리 등을 섞어서 왕관을 만들었다면 같은 질량의 금보다는 그 부피가 더 클 것이다.

아르키메데스는 왕관과 그와 같은 질량의 금덩이를 각각 물 속에 담그고 넘쳐 흘러나온 물의 부피가 왕관 쪽이 더 많다는 것으로 왕관이 순금이 아니라는 것을 알아냈다.

에라토스테네스(Eratosthenes, BC 273?~ BC 192?)

소수의 체(sieve), 지구의 크기 측정 등으로 잘 알려진 에라토스테네스는 수학 외에도 철학, 천문학, 지리학, 역사학, 문학 등 모든 분야에 정통했기 때문에 5종 경기의 챔피언인 '펜타슬로스'라고도 불린다.

또한 그는 베타 선생으로도 불렸는데, 그 이유에 대해서는 그가 제 2의 플라톤이라고 할 만큼 다방면으로 박식했기 때문이라는 설도 있고, 그와는 반대로 그가 항상

이류 학자였기 때문이라는 설도 있다. 일각에서는 알렉산드리아에서 강의한 교실이 언제나 두번째 교실이었기 때문에 그렇게 불렸다고 하기도 한다.

에라토스테네스의 체로 소수를 찾으려면, 2부터 시작해 자연수를 차례로 쓴다. 그리고 2 이외의 2의 배수, 3 이외의 3의 배수, 4 이외의 4의 배수의 순서로 수를 지워 나간다. 그러면 체로 친 것처럼 끝에 남는 수가 있다. 이 수가 바로 그 자신과 1 이외의 다른 수로는 나누어 떨어지지 않는 소수이고, 이렇게 소수를 찾는 방법을 '에라토스테네스의 체'라고 한다. 이 과정은 끝없이 계속되지만 20까지 자연수를 지워나가면 소수가 2, 3, 5, 7, 11, 13, 17, 19임을 쉽게 알 수 있다.

또한 그는 지구의 둘레를 거의 정확하게 알아낸 것으로도 유명하다. 그는 왕립 연구소인 무세이온에서 일하면서 알렉산드리아의 남쪽에 있는 시에네에서는 하지에 햇빛이 직접 우물 바닥을 비춘다는 것을 알게 되었다. 그러나 알렉산드리아에서는 하지에 막대를 수직으로 세우면 막대 길이의 1/8만큼의 그림자가 생겼다.

에라토스테네스는 태양이 아주 멀리 떨어져 있기 때문에 시에네와 알렉산드리아에 도달하는 햇빛은 서로 평행하다고 생각했다. 지구가 공처럼 둥글다면 시에네와 지구 중심, 그리고 알렉산드리아 사이의 각도는 막대의 양 끝과 그림자 사이의 각도와 같은 7.2°임을 계산으로 구할 수 있었다. 그후 사람을 시켜서 시에네와 알렉산드리아 사이의 거리를 재었더니 5000스타디아, 약 925km였고, 이를 이용해서 지구의 둘레를 계산하니 46,250km라는 결론이 산출되었다. 이는 현대 과학자들이 알아 낸 지구의 둘레인 40,074km와 6,000km정도 차이가 난다.

아폴로니우스(Apollonios, BC 260?~BC 200?)

《원추곡선론》으로 유명한 아폴로니우스는 소아시아 남쪽 해안의 페르가에서 태어나, 이집트의 알렉산드리아에 가서 유클리드의 후계자들과 함께 공부했다.

알렉산드리아는 당시 문화의 중심지로 전 세계에서 학문을 지향하는 사람들이 몰려드는 곳이었다. 그러나 아폴로니우스가 공부할 당시 알렉산드리아는 쾌락을 즐기던 푸톨레마이오스 4세(재위 BC222~BC205)의 통치로 점점 쇠퇴해가고 있었다.

아폴로니우스는 이런 상황을 기민하게 알아차리고, 당

시 로마제국의 보호 하에 헬레니즘 문화의 중심으로 번영하고 있던 소아시아 서해안의 페르가몬으로 떠나려 했다. 일설에 의하면 아폴로니우스가 왕과 분쟁을 일으켰기 때문이라는 주장도 있다. 어쨌든 그는 《원추곡선론》을 페르가몬의 아탈로스 1세에게 바쳤다고 한다.

유클리드의 제자인 그리스의 메나이크모스(Menaichmos)는 원추곡선을 연구하여 하나의 모선에 수직인 평면으로 원뿔을 자른 단면의 곡선을 생각했다. 이것들이 각각 오늘날 우리가 타원, 포물선, 쌍곡선이라고 부르는 것이다. 반면 아폴로니오스는 메나이크모스처럼 직원뿔을 하나의 모선에 수직인 평면으로 자르는 대신, 하나의 직원뿔을 여러 가지 평면으로 잘라 이 평면이 밑면과 이루는 각이 모선과 밑면이 이루는 각보다 작은가, 같은가, 큰가에 따라서 서로 다른 방정식으로 나타내었다. 이것을 현대식으로 쓰면(변수는 x와 y다), 포물선은 $y^2=px$, 쌍곡선은 $y^2=px+kx^2$, 타원은 $y^2=px-kx^2$이 된다. 그는 이 과정에서 모자라다(ellipsis), 일치하다(parabole), 남다(hyperbol)라는 단어를 사용했는데, 이것이 오늘날 우리가 사용하는 타원(ellipse), 포물선(parabole), 쌍곡선(hyperbola)의 어원이 되었다.

히파티아 '세계 최초의 여성 수학자로
"나는 진리와 결혼했다"는 말로 유명하다.

히파티아(Hypatia, 370?~415?)

알렉산드리아 대학에 있던 유명한 수학자 중에 테온이
란 사람이 있었다. 그는 유클리드의 《기하학 원론》을 편
집해서 주석을 붙인 사람으로 알려져 있다. 테온에게는
딸이 있었는데 그녀가 바로 세계 최초의 여성 수학자 히
파티아이다.

그녀는 아버지로부터 "생각하는 권리를 누려라. 잘못
된 생각일지라도 아무 것도 생각하지 않는 것보다 낫

다."라는 가르침을 받고 미술, 문학, 과학, 철학 등 여러 분야를 폭넓게 공부했다.

히파티아는 고등교육을 받기 위해서 외국 여행을 했는데 가는 곳마다 왕족처럼 대우를 받았다고 한다. 일설에 따르면, 그녀가 10년 이상 계속 여행을 했다고 하고, 또 다른 설에 의하면 1년 정도에 그쳤다고도 한다. 아마도 그녀의 여행은 오랫동안 계속되긴 했으나 연속적이지는 않았던 것 같다.

히파티아는 디오판토스의 《수론》이나 아폴로니우스의 《원추곡선론》, 프톨레마이오스의 《알마게스트》에 대한 주석서를 저술했다고 하나 현재까지 남아있지는 않다. 그녀는 미모의 재원이었기 때문에 많은 귀족과 학자로부터 수 차례 구혼을 받았지만, 한결같이 "저는 진리와 결혼했습니다."라는 말로 거절했다고 한다.

2. 인도, 아라비아의 수학자

그리스가 기하학에 뛰어났던 반면 산술과 대수학은 보잘것없었던 이유는 그들이 기호를 사용하지 않았기 때문이다. 그런데 인도인은 기호를 적극 활용했고, 현재 우리가 사용하고 있는 숫자인 인도-아라비아 숫자를 만들어 십진법을 사용하였다.

인도의 수학자들은 일찍이 음수에 대한 개념을 가지고 있었고, 인도인이 발명한 숫자와 그 계산법은 거의 완벽에 가까웠다. 이 같은 발전이 가능했던 이유는 일찍부터 상업이 발달하여 실제로 계산술이 필요했기 때문이다.

인도 수학은 군사적, 정치적, 문화적으로 위력을 과시한 굽타 왕조(4세기) 때부터 12세기 중반에 이르기까지 발전을 거듭했다. 인도 수학의 단점을 보완하고 더욱 발전시킨 것은 아라비아 인이었다. 그들은 고대 그리스의 고전을 높이 평가하며 대대적인 번역에 힘썼다. 그 결과 유클리드의 《기하학원론》, 프톨레마이오스의 《알마게스트》 등 중요한 수학 서적들이 모두 아라비아 어로 번역되었다. 그리하여 그리스로부터는 논리적인 기하학을,

인도로부터는 산술과 대수학을 흡수한 아라비아 인들은 이 모든 것을 융합하여 새로운 형태로 발전시켰다.

아리아바타(aryabhatta, 476?~550?)

1975년 4월 19일에 쏘아 올려진 인도 최초의 인공위성의 이름은 아리아바타. 바로 위대한 과학자이자 수학자이며 동시에 천문학자였던 아리아바타의 이름을 딴 것이다.

그는 대수학과 기하학에 관한 여러 가지 문제를 해결했으며, 천문학자로서 지구가 중심축을 중심으로 자전한다는 사실을 밝혀낸 최초의 인도인이기도 하다. 그는 태양과 달을 비롯한 행성의 운행을 정확하게 기술했을 뿐만 아니라 천동설이 아닌 지동설을 주장했다.

아리아바타는 23세 무렵에 자신의 이름을 붙인 천문서 《아르야바티야》를 저술했다. 이 책은 총 4장으로 구성되어 있는데, 그 중 제2장이 수학에 관련된 것이다.

이 책은 천문학과 구면삼각법을 다루고 있으며, 산술, 대수학, 평면삼각법에 대한 33개의 공식이 나와 있다. 인도에서는 오래 전부터 브라만 교의 경전 보조학으로서 단편적인 수학 지식이 쓰이긴 했지만, 체계적으로 정리된 것은 《아르야바티야》가 처음으로, 오늘날까지 현존하는 인도 최고(最古)의 수학서로 꼽힌다.

알콰리즈미 (al-Khwarizmi, 780~850)

알콰리즈미는 페르시아계 수학자이자 천문학자, 지리학자로 당대 최고의 과학자이다. 아랍식 기수법을 뜻하는 알고리즘은 그의 이름에서 따온 것이고, 영어로 대수학을 의미하는 'algebra'라는 단어를 처음 책의 표제로 사용한 것도 바로 알콰리즈미이다.

이슬람의 왕 알마뭄은 바그다드에 학자들을 위한 천문대를 만들고 많은 학자들을 초대했는데, 알콰리즈미도 이때 초대된 천문학자 중 한 사람이었다. 이곳에서 프톨레마이오스나 유클리드 등 그리스 수학자들의 유명한 저서들이 아라비아어로 번역되었고, 이는 다시 르네상스 시대에 라틴어로 번역되었다.

알콰리즈미는 830년경 《복원과 대비의 계산 Hisab al-jabr wa al-muquabala》이란 책을 저술했다. al-jabr는 방정식의 음의 항을 다른 변으로 이항한다는 것이고, almuquabala는 양변의 동류항을 정리하여 방정식을 간단히 하는 것을 뜻한다. 이 중 al-jabr가 훗날 영어에서 대수학을 의미하는 'algebra'가 되었다.

그는 또한 지금의 판별식에 해당되는 것을 활용하여 2차방정식의 해를 구했으며, 2차방정식의 해법을 기하학적 증명을 통해 계산을 해내는 등 중세 수학사에 커다란 영향을 주었다. 인도의 수학을 중세 유럽에 알린 계기가 되었던 그의 저서 《인도 수학에 의한 계산법 Algoritmi de numeroIndorum》은 현재 원본은 전해지지 않고 라틴어 번역본만이 남아 있다.

3. 17세기 이전 유럽의 수학자

476년 서로마 제국이 멸망한 후 5세기 중엽부터 11세기에 이르는 기간은 인간의 모든 사고와 행동을 교회가 기독교의 교리에 입각하여 지배하던 유럽의 암흑 시대였다. 따라서 이 시대에는 가톨릭 수도사들에 의한 연구 외에 수학의 연구라고는 존재할 수 없었다. 이 같은 암흑 시대에 그나마 수학사에 족적을 남긴 사람들은 순교한 로마 학자 보이티우스(Boethius, 408?~524), 영국의 교회학자 베다(Beda, 673~735) 등이다.

그 후 유럽의 수학은 중세 말엽인 12세기 초부터 르네상스 초기인 15세기에 이르러 비로소 발전하기 시작했다. 그러나 이 시대의 수학은 그리스 수학이 아니라 이슬람 세계의 아라비아 수학을 기초로 하였다. 이때 등장한 아라비아 수학은 그리스와 인도, 근대 유럽을 이어주는 중요한 교량 역할을 담당했다.

13세기의 유럽은 한 마디로 번역의 시대였다. 유클리드의 《기하학원론》을 비롯하여, 아르키메데스, 아폴로니우스, 알콰리즈미 등 그리스 및 아라비아 수학자들의 저서가 에스파냐를 중심으로 라틴어로 번역되어 전 유럽에 봇물처럼 퍼져 나갔다.

이후 15~16세기 전반에 걸쳐 상공업이 급속히 발전하자 십진법에 의한 인도-아라비아식 계산법이 일반 대중에게 널리 보급되었다. 이탈리아와 에스파냐에서는 15세기에, 영국·프랑스·독일에서는 17세기에 로마식 계산법 대신 인도-아라비아식 수학과 계산법이 널리 이용되었다.

피보나치(Leonardo Fibonacci, 1170?~1250?)

이탈리아 피사에서 태어난 레오나르도 피보나치는 상무장관이던 아버지 덕분에 어려서부터 수판(數板)에 의한 계산법을 배우고, 이슬람교 학교에서 인도 기수법을 익혔다. 또한 청년 시절에는 이집트, 그리스, 시칠리아, 프랑스 등 각지를 여행하며 견문을 넓혔다.

피보나치는 1202년《주판서 Liber Abaci》를 저술하였다. 총 15장으로 된 이 책에는 아라비아의 산술 및 대수 지식이 많이 포함되어 있으며, 당대의 수학 서적의 결정판으로서 이어지는 수백 년 동안 유럽 각 국에서 수학의

피보나치 1202년에 저술한 《주산서》는 총 15장으로
아라비아의 산술 및 대수 지식이 많이 포함되어 당새 수학의 결정판으로
수백 년 동안 유럽 각 국에서 수학의 원전으로 활용되었다.

원전으로 활용되었다.

이 책에서 가장 유명한 것은 123~124 페이지에서 소개된 이른바 '피보나치의 수열'로, 1, 1, 2, 3, 5, 8, 13, 21, 34, 55, 89, 144 ... 와 같이 앞의 두 항을 더한 값이 다음 항이 되는 수열이다.

피보나치 수열이 수세기 동안 대중의 큰 관심의 대상이 된 이유는 첫째, 자연 속에서 피보나치 수들이 반복적으로 나타나기 때문이다. 해바라기 씨앗이나 꽃잎, 솔방울의 배열 모양 등 피보나치의 수열이 적용되는 경우는 우리 주변에서 흔히 찾아 볼 수 있다.

두번째 이유는 피보나치 수열의 비를 계속해서 구해 가면 어떤 숫자로 수렴해 가는 것을 알 수 있는데, 그것이 바로 황금비율이라 불리는 0.618033989..이다. 황금비율은 오늘날 카드 모양에서부터 미술, 건축에 이르기까지 널리 쓰인다. 마지막으로 피보나치 수열은 수 자체가 지닌 흥미로운 성질 때문에 수론에서 예기치 못한 다양한 용도로 사용되고 있다.

또한 피보나치는 《기하학의 실용》(1220)에서 유클리드를 소개하고 몇 가지 정리를 증명하기도 했다.

파치올리(Luca Pacioli, 1445?~1510?)

이탈리아 출신의 파치올리는 프란시스코 제단의 수도승으로 로마, 밀라노, 피렌체, 볼로냐 등을 돌아다니며 수학을 가르쳤다. 특히 밀라노에서는 유명한 레오나르도 다빈치와 친분을 쌓으면서 그의 영향을 받아 《미술에 나타난 기하학》이란 책을 저술했다.

그의 저서로 유명한 것은 1494년에 출판된 《산술집성(算術集成)》이다. 이 책은 당시의 산술, 대수, 삼각법 등에 관한 모든 지식을 집대성한 것으로, 총 600항에 이르는 대작이다. 특히 이 책에서 파치올리는 세계 최초로 복식부기를 정리했는데, 그 기본 체계는 오늘날까지 변함 없이 적용되고 있다. 이것이 그가 회계학의 시조로 추앙 받고 있는 이유이다.

파치올리는 1497년 〈신의 비율〉이란 논문에서 황금비율에 대해 다음과 같이 표현했다.

"이 비율은 수리적으로 완전히 나누어 떨어지지 않는 비로서, 말로 한정하기 어렵고 스스로 존재하며 신처럼 유니크하다. 즉 황금비율은 신의 뜻에 따라 하늘이 내린 것이다".

4. 17세기의 수학자

17세기는 수학사에서 가장 빛나는 시기로, 이때부터 새롭고 다양한 분야들이 시작되었다.

17세기 초반 네이피어가 로그를 발견한 것을 필두로, 갈릴레이가 역학의 기초를 세웠고, 케플러는 행성의 운동 법칙을 발표했다. 17세기 후반 데자르그와 파스칼은 순수기하학의 새로운 장을 열었고, 직각좌표계를 창안한 데카르트는 해석기하학을 창시했으며, 페르마의 마지막 정리로 유명한 페르마는 현대 정수론의 기초를 확립했고, 호이겐스는 확률론 등의 분야에서 두드러진 업적을 남겼다.

17세기 말, 뉴턴과 라이프니츠는 이전의 많은 수학자들의 기초 위에서 하나의 신기원을 이루는 창조물인 미적분학을 창시하여 근대 해석학의 새로운 장을 열었다.

갈릴레이 (Galileo Galilei, 1564~1642)
1564년 미켈란젤로가 죽던 날 이탈리아 피사에서 태어

갈릴레이 물체의 낙하거리는 낙하시간의 제곱에 비례한다는
법칙을 얻어냈지만 아리스토텔레스를 부정한다는 모험에 수감되고 만다.

난 갈릴레이는 처음 대학에서 의학을 공부했지만, 과학
과 수학에 더 흥미가 있다는 것을 알고 과감히 전공을
바꾸었다.

25세 때 피사 대학의 수학 교수로 임명되었으며, 교수
로 재직하는 동안 유명한 낙하 물체의 공개 실험을 했
다. 그는 여러 사람들이 지켜보는 가운데 피사의 사탑
꼭대기에서 무게가 열 배 차이나는 두 금속 물체를 동시
에 떨어뜨렸다.

두 물체는 같은 순간에 땅에 떨어졌고, 이로써 무거운

물체가 가벼운 물체보다 빨리 떨어진다고 말한 아리스토 텔레스의 이론을 정면으로 반박하고, 마침내 $s=gt^2/2$ 라 는 식에 따라서 물체의 낙하거리는 낙하시간의 제곱에 비례한다는 법칙을 얻어냈다. 그러나 대학의 권위자들은 아리스토텔레스를 부정하는 갈릴레이의 오만에 충격을 받았고, 결국 그는 1591년에 교수직을 사임하게 된다.

갈릴레이는 70세가 되던 1633년 이단 재판에서 유죄 판결을 받고 교회 내 감옥에서 수감 생활을 하던 중 《신 과학대화》를 집필했다. 이 원고는 비밀리에 외부로 반출 되어 1638년에 네덜란드에서 출판되었다. 이 책에는 갈 릴레이가 발견한 자연 낙하의 법칙을 비롯한 여러 가지 이론이 기하학적으로 증명되어 있다. 그는 죄수의 신분 으로 1642년 1월에 숨을 거두었다.

데자르그(Gerard Desargues, 1593~1662)

사영기하학의 선구자 데자르그는 프랑스 리용 출신으 로 역학과 공학에 뛰어났고, 후에 군의 건축사로 일했다 고 한다.

데자르그를 17세기 종합 기하학의 가장 독창적인 기

여자로 손꼽히게 한 것은 원추곡선에 관한 얇은 책이다. 케플러의 연속성의 원리로 시작되는 이 책은 대합, 조화 영역, 호몰로지, 극과 극선, 투시도 등 오늘날 사영기하학 수강생들에게 친숙한 주제와 관련된 대부분의 기본 정리들을 발전시켰다.

데자르그의 업적 가운데 중요한 또 한 가지는 두 삼각형의 정리이다.

"두 삼각형이 동일한 평면 위에 있든 아니든 간에, 대응하는 꼭지점을 연결하는 직선이 한 점에서 만나도록 위치해 있으면 대응하는 변의 교점은 동일 직선상에 있고 그 역 또한 성립한다."

그의 이처럼 뛰어난 업적들은 당시에는 극히 소수의 사람들을 제외하고는 거의 인정받지 못하고 사장되었다가, 200년이 지난 1845년 M. 샤를의 고서에서 발굴되어 비로소 중요성이 재인식되었다. 데자르그의 사상은 파스칼 등에 의해 근대 기하학의 발전에 영향을 끼쳤다.

카발리에리(Bonaventura Cavalieri, 1598~1647)

카발리에리는 밀라노 태생의 이탈리아 수학자로 갈릴

페르마 〈평면 및 입체 자취에 관한 입문〉이라는 논문으로
대수학을 어떻게 기하학에 응용할 것인가를 기술하였다.

레이의 제자이자 17세기 이탈리아 수학에 가장 큰 영향
을 끼친 인물이다.

그는 갈릴레이의 추천으로 1629년 볼로냐 대학의 수학
교수가 되어 천문학·산술·원뿔곡선·삼각법 등에 관한
일련의 저술을 하였으며, 1632년에는 11자리의 삼각함수
로그표를 출판했다.

그의 유명한 저작《연속체를 불가분량을 사용한 새로
운 방법에 의해 설명한 기하학》(1635)은 불가분량 방법의
창시라 할 수 있다. 이것은 본질적으로는 정적분의 개

넘 도입이었다. 다시 말해, 선은 무한 개수의 점의 모임이고, 점은 무한 개수의 선의 모임이며, 입체는 무한 개수의 면의 모임이라는 새로운 생각을 도입해서 기하학을 재정립한 것이다. 그는 점, 선, 면을 더 이상 분할할 수 없는 불가분량으로 생각했다.

이 외에도 카발리에리는 뿔체의 부피는 높이와 밑넓이의 곱의 1/3 과 같다는 것을 구분구적법을 사용하여 증명했다. 그의 저서는 유클리드의 《기하학 원론》처럼 기호를 전혀 사용하지 않고 말로만 되어 있다는 특징이 있다.

페르마(Pierre de Fermat, 1601~1665)

프랑스의 뷰몽트에서 태어난 페르마는 본래 법학을 공부하고 변호사로 활동하다가 지방 의원의 정치가로 일하고 있었다. 당시에는 현존하는 고전 논문을 바탕으로 소실된 논문의 창의적인 아이디어를 재생시키는 일이 유행했는데, 페르마 역시 수학과 과학의 고전 수집을 즐기며 유행에 동참했다.

아폴로니우스의 평면의 자취를 재생하던 페르마는 그 부산물로 1636년경 해석기하학의 근본 원리에 대한 중

파스칼 프랑스의 천재적인 수학자이자 물리학자, 철학자, 종교사상가.

대한 발견을 하게 되었다. 그는 이것을 토대로 〈평면 및 입체 자취에 관한 입문〉이라는 논문을 써서 대수학을 어떻게 기하학에 응용할 것인지에 대해 기술했다.

그러나 역시 페르마의 큰 업적은 수론 분야에 있다고 할 수 있다. 17세기 중반, 페르마는 1621년에 라틴어로 출판된 그리스 디오판투스의 《수론》의 책 빈칸에 "$n \geq 3$'일 때 $x^n + y^n = z^n$ 을 성립시키는 x y z 의 정수 근은 존재하지 않는다"라는 발견을 적어 놓았다. 그리고 '나는 이 명제에 대해 놀랄 만한 증명을 발견했지만, 여백이 너무

적어서 남길 수 없다.'라고 써 놓았다. 이 증명은 이후 수백 년에 걸쳐 전 세계 수학자의 연구 대상이 되었다.

수학자들 중에는 "페르마는 아마 이런 증명이 분명히 성립할 것이라고 단순히 예상했을 뿐인지도 모른다"라고 말하는 사람도 있다. n의 근이 3이나 5처럼 몇 개의 특별한 수의 경우에는 증명할 수 있었지만, 일반적인 경우의 증명은 20세기 말이 되어서야 영국의 와일즈 등에 의해 완성되었다.

파스칼(Blaise Pascal, 프랑스, 1623~1662)

프랑스의 천재적인 수학자이자 물리학자, 철학자, 종교사상가인 파스칼은 프랑스 오베르뉴 지방 출신이다.

그의 아버지는 당시 수학의 즐거움을 몸소 느끼고, 파스칼이 만약 수학의 재미에 빠져들면 다른 과목을 소홀히 할까봐 일부러 수학을 가르치지 않았다. 그러나 어린 파스칼은 12세 때 이미 땅바닥에 원과 삼각형 등의 도형을 그리고 놀면서 '삼각형의 내각의 합이 2직각과 같다'라는 정리를 그림으로 이해하고 있었다. 이에 깜짝 놀란 아버지는 더 이상 기하학 공부를 할 필요가 없다고 생각하고, 파스칼에게 유클리드의 책을 주며 쉬는 시간에 읽어도 좋다고 허락했다.

그후 파스칼은 독학으로 기하학을 공부하고, 16세에 〈원뿔곡선 시론〉이란 짧은 논문을 썼다. 여기에는 현대식으로 정리한 '원에 내접하는 육각형의 세 쌍의 대변의 연장성의 교점은 일직선 상에 있다'라는 유명한 정리가 나와 있다. 파스칼은 이 정리로부터 400개 이상의 중요한 계를 유도했으며, 훗날 사람들은 이 도형과 직선을 각각 '파스칼의 신비의 육각형', '내접 육각형의 파스칼선'이라고 불렀다.

1651년 아버지가 사망하자 파스칼은 로아네스공(公), 슈발리에 드 메레 등과 친교를 맺고 사교계에 뛰어들어 인생의 기쁨을 추구하기 시작했다. 그리고 페르마와 주사위 도박에서 딴 돈을 공정하게 분배해 주는 문제에 대해 편지로 의견을 교환했고, 그것이 확률론의 시작이 되었다.

편지는 총 5통이었으며, 1654년에 주고받은 것이었다. 그들은 카르단이 제기한 적이 있는 주사위 던지기 문제와 배당 문제에 관해서 논했다. 주사위 문제는 두 개의 주사위를 던질 때 두 개 모두 6이 나오려면 몇 번이나 던져야 하는지 결정하는 문제였고, 배당 문제는 주사위 던지기 게임을 도중에서 그만두는 경우에 각자가 차지해야 할 몫을 정하는 문제였다. 그들은 두 사람의 경우에 대하여 해답을 제시했으나 3명 이상의 사람의 경우에는 만족할 만한 수학적 해법을 제시하지 못했다.

파스칼은 위의 악성 종양이 뇌로 전이되어 격렬한 고통 속에 39세의 나이로 죽었는데 그의 연구는 이후 많은 과학자들과 수학자들에게 도전이 되었다.

뉴턴(Issac Newton, 영국, 1642~1727)

만유인력의 법칙과 미적분 등의 발견으로 유명한 뉴턴은 1642년 크리스마스 날 밤에 가난한 농가에서 태어났다. 태어났을 당시 그는 1쿼터(약 1.14 리터)의 나무 그릇 안에 들어갈 만큼 작았다고 한다. 너무 작아서 오랜 기간 동안 목을 가누지 못해 목에 지지대를 붙였다는 설도 있다. 그런 그가 85세까지 건강하게 장수한 것은 가히 놀라운 일이다.

뉴턴은 겁이 많은 성격이었는지 자신의 발견을 금방 발표하지 않았다. 그러나 누군가가 앞서 똑같은 연구를

뉴턴 '자연은 일정한 법칙에 따라 운동하는 복잡한 기계'라는
역학적 자연관은 18세기 계몽사상의 발전에 지대한 영향을 주었다.

발표하면 곧장 그것은 자기가 이미 발견한 것이라고 주
장했다. 만유인력의 발견이나 미적분의 발견 때에도 다
른 연구자와 논란을 일으켰다.

　뉴턴의 최대 업적은 물론 역학에 있다. 일찍부터 역학
문제, 특히 중력 문제에 대해서는 광학과 함께 큰 관심
을 가지고 있었으며, 지구의 중력이 달의 궤도에까지 미
친다고 생각하여 이것과 행성의 운동(케플러 법칙)과의
관계를 고찰했다.

　1670년대 말로 접어들면서 당시 사람들도 행성의 운동

중심과 관련된 힘이 거리의 제곱에 반비례한다는 사실을 어렴풋이 알고는 있었지만, 수학적 설명이 곤란해 손을 대지 못하고 있었는데, 뉴턴은 자신이 창시해낸 유율법을 이용하여 이 문제를 해결하고 '만유인력의 법칙'을 확립하였다.

수학 분야에서는 이항정리의 연구를 시작으로 미적분법 창시, 무한급수로 진전하여 1666년 유율법, 즉 플럭션법을 발견하고, 이것을 구적 및 접선 문제에 응용했다.

뉴턴은 평생을 독신으로 지내다가 런던 교외의 켄싱턴에서 죽었다. 장례는 웨스트민스터 사원에서 거행되었고 그곳에 묻혔다. 그가 주장한 '자연은 일정한 법칙에 따라 운동하는 복잡하고 거대한 기계'라는 역학적 자연관은 18세기 계몽 사상의 발전에 지대한 영향을 주었다.

라이프니츠(Gottfried Wilhelm Leibniz 1646~1716)

라이프니츠는 뉴턴과 함께 미적분의 발견자로 알려진 독일의 수학자다. 함수(function)라는 용어를 최초로 사용하고, 적분 기호 $\int$, 미분 기호 dx 등을 사용한 것도 그가 최초다.

라이프니츠 독일의 수학자로 미적분을 발견했으며
'만학의 왕'으로 칭송받고 있다.

　뉴턴과 달리 그는 철학을 비롯한 모든 분야에서 뛰어
난 업적을 남긴 인물로서 '만학의 왕'으로 칭송 받고 있
다.

　프랑스의 백과사전 편집자 디로드는 "누구든 자신의
능력을 라이프니츠와 비교해본다면, 지금 당장 읽고 있
는 책을 집어 던지고 세계 어딘가의 구석으로 숨고 싶어
질 것이다"라고 말했다.

　라이프니츠가 뉴턴과 더욱 다른 점은 대학과는 무관
한 독일의 명문 하노버 가에서 일생 동안 일했다는 사실

이다. 그의 나이 40세 때, 하노버 가의 제 3대 군주 게오르크 루드비히는 1714년 영국 왕으로 추대되어 존 1세가 되었다. 그러나 학문에 관심이 없던 루드비히는 라이프니츠의 진가를 알아보지 못했고, 사소한 일로 의견이 잘 맞지 않는 그를 미워했다고 한다. 결국 영국으로 가지 못한 라이프니츠는 70세의 나이로 홀로 쓸쓸히 자신의 방에서 숨졌다.

그는 하노버 가에서 일하면서 공법학자·정치가로 활동했고, 독일 통일을 지향하는 신구 양 교회 및 신교 각 파의 통일을 위해 노력했다. 또한 《지구 선사(先史)》의 저술을 계기로 일반사를 연구하기 시작하면서 언어 연구, 광산의 치수(治水)와 거기에 따른 풍차의 설계 및 건설, 백과전서의 계획, 아카데미 설립을 위한 노력 등 여러 가지 활동을 했다. 물론 그의 이름을 영원히 빛나게 한 수학·자연과학·철학 분야에서의 연구도 게을리 하지 않았다.

5. 18세기의 수학자

18세기는 17세기에 창시된 해석학의 발전 시대로, 새롭고 강력한 방법인 미적분학을 개발하는 데 역점이 두어졌다. 이 시기에는 삼각법, 해석기하학, 정수론, 방정식론, 확률론, 미분방정식, 해석역학 등의 분야에서 상당히 높은 수준의 발전이 있었으며, 또한 보험통계학, 변분법, 고차함수, 편미분방정식, 화법기하학, 미분기하학 등 새로운 분야가 수없이 창조되었다.

베르누이 일가 (The Bernoulli)
(야곱 베르누이 1654~1705, 요한 베르누이1667~1748)

베르누이 일가는 네덜란드에서 스위스 북부의 바젤로 이주한 신교도로 17세기말부터 약 1세기 동안 8명의 수학자를 배출한 수학 일가다.

베르누이 가의 시조 니콜라우스는 대상인이었고, 그의 자손들 역시 모두 상인의 딸과 결혼했으나 그 중 예외였던 한 사람이 야곱이었다. 그의 아버지는 야곱을 신학자로 만들려고 했지만 그는 의학을 공부했고, 라이프니츠의 미적분 등을 독학해서 수학으로 전환, 변분학의 창시자가 되었다.

그의 사후 출판된 《추론의 예술》(1713)에는 확률론의 기초가 된 대수의 법칙이 담겨 있다. 수학 용어들 중에는 야곱 베르누이의 이름에서 따온 것들이 여러 개 있다. 통계학과 확률론의 '베르누이 분포'와 '베르누이 정리', 미분방정식의 '베르누이 방정식', 정수론의 '베르누이 수'와 '베르누이 다항식', 그리고 미적분학의 첫 학기 강의에 나오는 '베르누이의 연주형'(lemniscate) 등이 그 예이다.

야곱의 동생인 요한 역시 가업을 포기하고 의학과 고전을 공부, 18살 때 문학수사가 되었다. 그리고 형 야곱의 영향으로 수학에 흥미를 갖게 되고 수학자가 되었다.

1705년 야곱이 죽자 요한은 형의 교수직을 승계 받아 남은 여생을 바젤 대학의 연구실에서 보냈다. 그는 세 아들(니콜라스, 다니엘, 요한 2세)을 두었는데, 모두 18세기의 수학자와 과학자로서 명성을 떨쳤다.

오일러(Leonhard Euler, 1707~1783)

스위스의 수학자이자 물리학자인 오일러는 독일·러시아의 학사원을 무대로 활약하며 해석학의 화신, 최대의 알고리스트(수학자) 등으로 불렸다.

그의 연구는 수학·천문학·물리학뿐 아니라, 의학·식물학·화학 등 다양한 분야에 걸쳐 광범위하게 이루어졌다.

당시 수학계에서는 해석기하학·미적분학의 개념은 갖추어져 있었으나 조직적 연구는 초보단계로 특히 역학·기하학의 분야는 충분한 체계가 서 있지 않았다. 오일러는 이러한 미적분학을 발전시켜《무한해석 개론》(1748),《미분학 원리》(1755),《적분학 원리》(1768~1770), 변분학 등을 창시하여 역학을 해석적으로 풀이하였다. 이 밖에도 대수학·정수론·기하학 등 여러 방면에 걸쳐 큰 업적을 남겼다.

오일러는 독일 쾨니히스베르크에 있는 프레겔 강의 7개의 다리를 건너는, '다리 건너기 문제'에서 힌트를 얻어 한붓그리기의 가능·불가능을 조사했다. 이 조사에서 그는 홀수점·짝수점이라는 개념을 발견, 한붓그리기가 불

오일러 왼쪽 눈의 시력을 잃을 정도로 수학의 연구에 몰두했던 그는
순수수학의 많은 분야에 큰 빛을 남겼다.

가능한 도형의 전형을 제시했다. 이것이 바로 한붓그리
기에 관한 오일러의 정리다.

또한 다면체에서 꼭지점의 개수를 V, 그 변의 개수를
E, 그 면의 개수를 F라 하면 'V−E+F=2'라는 관계가 성
립함을 증명했는데, 이것이 오일러의 다면체의 정리이
다. 이상의 두 정리는 현재의 위상수학 발전의 발단이
된 의미 있는 발견이었다.

그는 말년에 왼쪽 눈의 시력을 잃었지만, 그럼에도 불
구하고 17년 동안이나 연구를 계속했다. 결국 손자들과

놀다가 돌연사했다는 설도 있고, 식사 중에 갑자기 몸이 안 좋아져서 스스로 '나 죽는다'라고 말하고 숨졌다는 이야기도 있다.

라그랑주(Joseph Louis Lagrange 1736~1813)

"수학 공부에 선생은 필요 없다. 스스로 알아 가는 것보다 더 잘 이해시켜 줄 수 있는 사람은 없기 때문이다. 문제는 모두 스스로 풀어라. 다른 사람의 답을 보면 왜 문제를 그런 식으로 다루었는지 알 수 없다. 그리고 문제를 풀다 도중에 나오는 장애도 해결할 수 없다."

이것은 프랑스의 수학자 라그랑주의 말이다. 그를 가리켜 독일의 프리드리히 2세는 '유럽 최대의 수학자'로 칭했고, 나폴레옹은 '수학계의 피라미드'라고 불렀다. 라그랑주는 원로원 의원과 백작의 지위에까지 올랐으며, 프랑스 최고 학부 에콜 폴리테크니크의 초대 교장이었다.

잉글랜드의 천문학자 에드먼드 핼리의 논문집을 읽은 것을 계기로 수학에 관심을 갖게 된 그는 19세의 나이에 토리노 포병학교에서 수학을 가르쳤다. 그리고 1761년에는 이미 생존하는 가장 위대한 수학자의 한 사람으로 인정받았다.

라그랑주가 해명한 해석역학은 뉴턴의 미적분에 의한 운동방정식이 확립된 후 100년만의 일로, 그때까지 발전한 해석학을 역학에 응용한 것이다. 그의 저서 《해석역학》(1788)은 역학 연구를 새로운 발전 단계로 접어들게 한 시발점이 되었다.

해석역학에 의한 운동방정식은 뉴턴의 방법에 비해 보다 일반적으로 운동의 미분방정식을 유도할 수 있다. 대수에 있어서의 그의 일반화 방향은 5차 이상의 대수방정식 해법에 대한 연구로서, 이 연구는 근의 치환군에 착안한 것으로, 훗날 N.H.아벨과 E.갈루아의 업적에 대한 선구적 역할을 담당하게 된다.

그는 1776년 오일러와 달랑베르의 추천을 받아 오일러의 뒤를 이어 베를린 아카데미 소속 수학자가 되었다. 이는 '유럽에서 가장 위대한 수학자'를 보유한 '유럽에서 가장 위대한 왕'이 되기를 원했던 한 프리드리히 대왕의 소원이기도 했다. 오직 과학만을 위해 일생을 보낸 친절하고 조용한 성품의 그는 자신의 생각에만 몰두하는 덕망 있는 인물로 알려져 있다. 사려 깊은 성격으로 다른 사람과의 논쟁을 싫어했으며, 상대방과 대화를 할 때는 항상 '저는 잘 모르지만'이라는 단서를 붙이는 겸손한 사람이었다고 한다.

라플라스(Pierre Simon Laplace, 1749~1827)

수학자라고 하면 완고하고 자기 주장을 굽히지 않는 사람들이 대부분이지만, 프랑스 혁명 시대의 수학자 라플라스는 좋게 말하면 처세에 능한 사람, 나쁘게 말하면 철저한 기회주의자였다.

혁명 당시 그는 과학 아카데미 회원으로 왕립파병사관학교 교관을 맡고 있는 왕정파의 일원이었다. 1779년 혁명정부의 총사령관으로 뽑힌 나폴레옹은 자신이 사관학교에 들어갈 때 시험관이었던 라플라스를 불러 내무대사로 임명했다. 아마도 수학을 좋아하는 나폴레옹은 라플라스를 인상 깊게 기억하고 있었던 것 같다. 행정 수완이 없던 라플라스는 곧 경질되었지만, 그 후로도 나폴레옹으로부터 백작, 상원의원, 부의장으로 좋은 대접을 받았다.

라플라스가 기회주의자로서의 면모를 드러낸 것은 이

때부터였다. 1804년 나폴레옹을 황제로 하자는 안이 회의에 제출되었을 때 그는 기꺼이 찬성했으며, 1814년 나폴레옹이 몰락하고 의회가 추방령을 제출했을 때도 무조건 서명했다. 그 후 루이 18세가 즉위하자 그는 왕 앞에서 무릎을 꿇고 충성을 맹세했다. 그 때문인지 그는 후작, 귀족중의원으로 우대를 받았고, 1818년에는 프랑스학사원 총재로 취임했다.

그의 가장 뛰어난 업적은 천체역학, 확률론, 미분방정식, 측지학 분야에서 이루어졌다. 그는 기념비적인 두 작품,《천체역학론》(1799-1825)과《확률의 해석적 이론》(1812)을 발표했는데, 둘 다 해박한 비전문가적 해설이 붙어 있다. 특히 그에게 '프랑스의 뉴턴'이란 별칭을 붙여준《천체역학론》(전 5권)은 라플라스 자신의 업적과 함께 그 이전의 모든 발견을 포함했고, 이로 인해 그는 그 분야에서 누구도 따라올 수 없는 거장이 되었다.

라플라스는 뉴턴이 사망한 지 꼭 100년 후인 1827년에 세상을 떠났다. 어떤 보고에 의하면 그는 "우리가 아는 것은 미미하고 모르는 것은 무한하다."라는 유언을 남겼다고 한다.

6. 19세기의 수학자

19세기에는 현대 수학의 건설에 많은 업적을 남긴 수학자들이 다수 등장했다. 특히 19세기는 비유클리드 기하학의 출현으로 인한 기하학의 해방, 대수학의 추상화, 해석학의 산술화와 같이 수학의 각 분야에 있어 일찍이 볼 수 없었던 위대한 세기이다.

가우스(Karl Friedrich Gauss 1777~1855)

18세기와 19세기에 걸쳐 수학의 거장으로 버티고 서 있는 가우스는 19세기의 가장 위대한 수학자이며 아르키메데스, 뉴턴과 더불어 세계 3대 수학자로 꼽힌다.

1777년 독일의 브룬스빅에서 태어난 가우스는 고집 세고 가난한 아버지로 인해 중학교 입학이 어려울 지경이었다. 그러나 일찍이 가우스의 천재성을 간파한 선생이 어린 가우스를 영주에게 데려가 도움을 요청했다. 영주는 총명해 보이는 가우스의 눈빛이 마음에 들어 그 자리에서 바로 지원을 약속했고, 그 덕분에 가우스는 괴팅겐

가우스 19세기의 가장 유명한 수학자이며 아르키메데스,
뉴턴과 더불어 세계 3대 수학자로 꼽힌다.

대학에 진학할 수 있었다.

가우스의 저서 중 가장 유명한 것은 현대 정수론의 기본이 되는《수론 연구》이다. 이 책은 2차의 상호법칙의 증명을 풀이했으며, 합동식(合同式)의 대수적 기법을 도입하여 이 분야에 획기적인 업적을 쌓아 올렸고, 학위 논문에서 이룩한 대수학의 기본정리의 증명과 더불어 가우스가 학계에 명성을 날리게 된 결정적 계기가 되었다.

또한 가우스는 하노버 정부와 네덜란드 정부에서 주관하는 측지 사업의 학술고문으로 위촉받아, 곡률(曲率)의 문제, 등각사상(等角寫像)의 이론, 곡면의 전개가능성 등을 고찰했는데, 이것이 미분기하학으로 향하는 첫 걸음이 되었다.

가우스의 어머니는 아버지와 달리 아들의 학구열을 이해하고 아버지를 설득했기 때문에 가우스는 평생 어머니에게 고마운 마음을 가졌다. 가우스가 친구를 데리고 고향에 갔을 때, 아들이 없는 자리에서 어머니는 친구에게 물었다.

"저 아이에게 희망이 있을까요?"

"저 녀석은 유럽 제일의 수학자가 될 겁니다."

친구는 그렇게 대답했고, 어머니는 눈물을 흘렸다고 한다. 그의 어머니는 97세까지 장수했는데, 가우스는 시력을 잃고 쓰러진 어머니를 20년이라는 긴 세월 동안 혼자서 돌봐드린 극진한 효자였다.

코시(Augustin Louis Cauchy, 1789~1857)

'현대 해석학의 아버지'로 일컬어지는 코시는 19세기 프랑스 수학계를 대표하는 학자이다.

코시의 아버지는 프랑스 혁명의 혼란한 시기에도 어린

아들의 교육에 열성을 보였다. 평소 친분이 있던 라그랑주는 우연히 코시의 집을 방문했다가 어린 코시에게 수학적 재능이 있음을 알아차렸다. 코시가 13살 때 라그랑주는 "저 소년은 우리가 함께 덤벼도 도저히 대항할 수 없는 수학자가 될 것이다."라고 말했다고 한다. .

라그랑주의 예상대로 훗날 코시는 훌륭한 수학자가 되었다. 그는 대칭함수, 정적분, 파도의 확산 등에 대한 논문을 발표했고, '무한소수'와 '함수의 연속'을 정의하였으며, '코시의 기본 정리'라고 불리는 이론을 완성했다. 또한 해석학 내의 극한의 개념을 분명히 하고 함수의 연속성에 대한 이해를 확실하게 충족시켜 복소수함수론을 만들고, 대수학에서 행렬식과 군(群)의 이론을 연구했다.

코시가 일생 동안 쓴 논문은 총 789편에 이르며, 그 중 8권의 단행본이 포함되어 있다. 프랑스 학사원은 그가 보낸 논문의 홍수 속에 비명을 지르며 논문 한 편당 4페이지 이내로 줄이라는 제한 조건을 달았다고 한다. 코시는 무엇이든 생각이 나면 곧 논문으로 정리해서 보냈기 때문에 그에게는 유고라는 것이 전혀 남아 있지 않았다.

갈루아(Evariste Galois, 1811~1832)

갈루아는 평생 프랑스 혁명과 그 이후에 벌어진 혼란의 여파를 온몸으로 겪은 사람이었다. 왕립중학교에 우수한 성적으로 입학했지만, 교사와 학생들의 대립, 폭동 등으로 학습의욕을 잃고 당시 별로 인기가 없었던 수학 공부를 시작했다.

그러나 생각보다 흥미로운 수학의 매력에 빠져 홀로 실력을 키워갔고, 마침내 프랑스 이공계 최고의 학교인 에콜 폴리테크니크에서 입학 시험을 치른다. 이때 갈루아는 '2차 방정식의 해법을 설명하라'는 시험관의 너무 쉬운 질문에 자존심에 상처를 입고 아무 대답도 하지 못한다. 다음 해에도 시험관은 '대수 이론에 대해 알고 있는 것을 말해 보라'는, 그에게는 너무나 기초적인 질문을 했다. 더 이상 참지 못한 갈루아는 칠판지우개를 시험관 머리 위로 던지며 "이것이 저의 대답입니다!"라고 외치고 시험장 밖으로 뛰쳐나간다. 물론 불합격이었다.

그는 결국 파리 고등사범학교에 입학했지만 정치 운동에 참가했다는 이유로 퇴학당하고, 한동안 감옥 생활을 하기도 한다. 가출옥 중에 만난 어느 공화주의자 여성에게 한눈에 반한 갈루아는 그녀를 둘러싸고 다른 남성과 결투를 벌였고, 결국 목숨을 잃었다. 사실 그녀는 경찰의 동료로서 일부러 갈루아를 유혹했다는 설도 있다.

결투를 벌이기 전날 밤, 죽음을 예견한 갈루아는 친구에게 보내는 유언장에 발표되지 않은 발견 중 일부를 써 보냈다. 그것은 타원적분과 대수함수의 적분, 방정식론에 관한 내용으로, 그 중에는 군(群)의 개념 도입이나 갈루아 이론의 본질적인 부분이 포함되어 있다. 그러나 결국 갈로아의 논문이 인정받고 그가 수학자로서 이름을 떨치게 된 것은 그가 죽은 후 20년이나 지난 1859년의 일이었다. 갈루아의 사상에 포함된 군의 개념은 기하학이나 결정학에도 응용되었고, 물리학에도 풍부한 연구 수단을 제공하였다.

리만(Bernhard Riemann, 1826~1866)

독일 하노버에서 태어난 리만은 어려서부터 수학에 재능을 발휘했지만, 괴팅겐 대학에서는 언어학과 신학을 배우는 학생으로 입학했다. 당시 집안 형편이 어려웠던 탓에 목사처럼 빨리 급료를 받을 수 있는 직업을 얻어

리만 공간기하학에 관한 그의 생각은 근대 이론물리학 발전에 깊은 영향을
주었고 상대성이론에 사용된 개념 및 방법에 기초를 제공했다.

아버지를 도와야겠다고 생각했기 때문이다.

그러나 리만은 다른 교수의 강의를 들으며 점점 수학
의 매력에 빠져들었고, 결국 전공을 바꿨다. 당시 괴팅
겐 대학에는 가우스가 있었지만, 수학과 전체가 시대에
뒤쳐져 있었기 때문에 베를린 대학으로 옮겨 디리클레
같은 수학자의 강의를 들었다.

리만은 31세가 되어서야 겨우 조교수가 되었는데 연봉
은 300달러 정도였다. 당시 그는 3명의 누이를 책임져야
하는 형편이었으므로 그 정도의 급료로는 생활이 어려웠

다. 그의 가족은 태생적으로 모두 병약하여 한결같이 일찍 세상을 떠났고, 리만도 1826년 결혼 후 한 달만에 늑막염으로 앓아 눕게 된다. 그는 요양을 위해 이탈리아로 갔지만 4년 후 40세 생일을 맞이하기 전에 타계했다.

짧은 일생 동안 리만이 발표한 논문의 수는 비교적 적지만, 그는 수학의 각 분야에서 획기적인 업적을 남겼다. ζ 함수의 성질에 대한 리만의 가정 'ζ (s)는 $s = x + iy$에 대해서 생각할 때 $x > 1/2$로 0점은 없다'는 오늘날까지 증명도 부정도 되지 않은 상태이다.

칸토어(Georg Cantor, 1845~1918)

러시아 상트페테르부르크에서 태어난 독일의 수학자 칸토어는 집합론의 창시자로 알려져 있다. 유대계의 부유한 상인의 아들로서 1850년 아버지와 함께 독일의 프랑크푸르트로 이사한 후로는 그 곳에서 성장했다.

어릴 적부터 수학에 남다른 재능을 보였던 칸토어는 1860년 뛰어난 성적으로 김나지움을 졸업하고 취리히 공대에 입학했지만, 그를 공학자로 만들고 싶어했던 아버지를 설득해 수학으로 전공을 바꿨다.

칸토어 독일의 수학자로 집합론의 창시자이자. 집합론의 기초 개념을
설명하는 여섯 권의 시리즈 《수학저널》을 집필하였다.

칸토어가 1869년~1873년에 쓴 10편에 걸친 논문 시리
즈는 정수론에 관한 것이었다. 이후 그는 무한급수론에
관심을 가졌고 이것이 무한 개념을 창시하게 된 계기가
되었다. 그는 또한 집합론의 기초를 다졌으며, 집합론의
기초 개념을 설명하는 여섯 권의 시리즈 《수학저널》을
출판했다. 이는 29세라는 젊은 나이에 발표한 가히 혁명
적인 논문이었다. 칸토어의 집합론은 현대 수학 발전의
원동력이 됐다.

칸토어는 차원이론의 발전에도 공헌했다. 그는 자연수

와 유리수가 일대일 대응관계에 있음을 증명했고, 단위 선분과 단위사각형 사이에 일대일 대응 관계가 존재하는지에 대해 관심을 가졌다. 특히 칸토어의 무한 개념은 철학적 사고의 전환을 가져왔고 자연 과학뿐 아니라 인문 과학에까지 커다란 영향을 끼쳤다.

그러나 칸토어의 선배 수학자 크로네커는 '자연수는 신이 만든 것이다. 그 이상의 수는 모두 인간이 만든 것이다'라고 주장했다. 그러면서 '자연수 이외의 수가 자연수보다 많다'는 것에 대한 증명을 발표한 칸토어를 신을 모독한 것으로 아무런 연구 가치가 없다며 비난했다.

내성적이고 소심했던 칸토어는 이런 비판을 견디지 못한 나머지 노이로제에 걸려 정신병원을 드나들게 되고, 한때는 수학 교사를 포기할 생각까지 했다고 한다. 결국 칸토어는 생전에 좀처럼 인정을 받지 못하고 괴로움을 안은 채 정신병원에서 숨을 거두었다.

푸앵카레(Henri Poincare, 1854~1912)

프랑스의 푸앵카레는 수학 및 수학을 응용한 모든 분야에서 뛰어난 업적을 남긴 학자로, 수학 관련 논문 500

편과 수리물리학, 이론천문학에 관한 저서 30권 이상을 남겼다.

어릴 적 심한 병을 앓은 푸앵카레는 바깥 활동을 자제하면서 자연히 독서에서 가장 큰 즐거움을 찾게 되었다. 매일 많은 양의 책을 읽는 동안 어느새 놀랄 만한 속독 기술을 터득했고, 한 번 읽은 책은 그 내용은 물론 어떤 단어가 몇 페이지 몇 번째 줄에 적혀 있는지까지 기억했다고 한다.

또한 푸앵카레는 약시였기 때문에 칠판의 글씨를 제대로 못 보고 노트도 없이 귀 기울여 듣는 것으로 모든 것을 해결했다. 그는 불안정하게 서성거리면서 머릿속으로 수학을 연구했고, 일단 생각이 완성되면 새로 쓰거나 첨삭하는 일 없이 재빨리 논문으로 만들었다.

푸앵카레는 라플라스처럼 확률론 분야에 상당한 기여를 했다. 또한 20세기의 관심 분야인 위상수학에 참여하여 오늘날 수열적 위상수학의 포앙카레 군에 그의 이름이 나타난다. 응용 수학에 다재다능했던 천재 푸앵카레는 광학, 전기학, 전신, 모세관 현상, 탄성, 열역학, 전위이론, 양자이론, 상대성이론, 우주진화론 같은 다양한 분야에 기여했다.

푸앵카레는 수학과 과학을 대중에게 보급시키는 데 가장 큰 역할을 했던 인물 중의 한 사람이었다. 비교적 저렴한 그의 보급판 해설서는 날개 돋친 듯 팔려나가 각계 계층의 사람들에게 널리 읽혔으며, 명쾌한 설명과 매력적인 문체를 자랑하는 최고의 걸작《과학의 가치》는 많은 외국어로 번역되었다. 프랑스 작가들의 최고의 영예였던 학사원의 문학 부문 회원으로 선정된 것을 보아도 그의 이러한 역량은 확연히 증명된다.

7. 20세기의 수학자

20세기 수학 연구의 많은 부분은 주제의 논리적 기초와 구조를 검증하는 데 전념되어 왔다. 이것은 점차 공리론(axioma-tics), 즉 공준 집합과 그것들의 성질에 관한 연구를 탄생시켰다.

많은 수학의 기본 개념이 눈부시게 발전되고 일반화되었으며, 집합론, 추상대수, 위상수학과 같은 기본적인 분야가 광범위하게 발달되었다.

데데킨트(Richard Dedekind, 1831~1916)

독일에서 법률가의 아들로 태어난 데데킨트는 어린 시절 화학과 물리학에 흥미를 가졌으나 카롤린 대학에서 미적분학, 대수학, 해석기하학을 공부했고, 덕분에 괴팅겐 대학교의 수학자 가우스에게서 고등수학을 배울 자격을 얻었다.

데데킨트는 가우스의 마지막 제자로서, 넓은 의미의 '수' 전반에 걸친 거의 모든 영역에 영향을 미쳤으

데데킨트 산술 개념으로 무리수를 정의한 그는 비록 살아 있을 때는 충분히 인정받지 못했지만, 그의 무한의 개념과 실수의 구조에 관한 개념 연구는 현대 수학에도 커다란 영향을 미치고 있다.

며 추상성과 일반성을 특징으로 삼고 있다. 그는 '절단(schnitt)'이란 아이디어를 도입해 유리수의 집합에서 무리수의 정의를 고안했다. 모든 수를 직선상의 점의 위치로 표시할 수 있는지, 무리수는 실제로 존재하는 수인지에 대한 문제를 생각한 것이다.

그는 저서《연속과 무리수》(1872)를 통해 무리수에 대한 산술적인 표현을 발전시켰다. 또한 독일의 수학자 칸토어보다 2년 앞서, 한 집합의 성분이 그 부분집합의 성분과 일대일 대응을 이룰 때 그 집합은 무한하다고 제안했다. 그는 해석학에 기하학적 방법을 추가해 무한대와 무한소를 다루는 근대식 방법에 크게 공헌했다.

비록 살아 있을 때는 충분히 인정받지 못했지만, 그의 무한의 개념과 실수(實數)의 구조에 관한 개념 연구는 지금도 현대 수학에 커다란 영향을 미치고 있다.

힐베르트(David Hilbert 1862~1943)

힐베르트는 현대 수학의 다양한 분야에 걸쳐 그 선구적인 역할을 한 독일의 수학자로, 특히 공리론적 수학의 선구자로 유명하다. 그는 주어진 공리를 만족시키기만 한다면 점, 직선, 평면을 테이블, 의자, 컵으로 불러도 상관없다고 주장했다.

힐베르트는 순수하고 꾸밀 줄 모르는 솔직한 성격의 소유자였다. 어느 날, 한 학생이 힐베르트의 바지에 구멍이 나 있는 것을 발견했다. 그 구멍은 며칠이 지나도 그대로였다. 결국 학생들은 그가 난처해하지 않도록 살짝 주의를 주기로 했다. 세미나가 끝난 후 산보를 하던 힐베르트가 울타리에 걸려 넘어질 뻔한 순간, 한 학생이 기회를 놓치지 않고 "조심하세요! 이런, 선생님 바지가 찢겼네요."라고 말했다. 그러자 힐베르트는 "그래? 어디? 아, 이 구멍은 전 학기부터 있던 거라네."라며 아무렇지도 않은 얼굴로 답했다고 한다.

힐베르트는 불변론, 대수적 수론, 함수 해석학, 적분 방정식, 수리 물리학 등 수학의 많은 분야에 공헌을 했다. 특히 기하학에서 힐베르트의 연구는 유클리드 이후 가장 큰 영향력이 있는 것이었다.

그는 유클리드 기하에 대한 체계적인 연구로 21개의 공리를 제안하고 그것의 정당성을 분석했다. 그는 괴팅겐 대학교의 원동력이었으며, 쟁쟁한 실력의 동료들과 함께 괴팅겐 대학을 수학자들의 메카로 만들었다.

1900년 파리에서 열린 국제 수학 회의에서 그는 23개의 중요한 미해결 수학 문제를 제시했는데, 그로 인해 수학에 대한 연구가 더욱 풍성해졌음은 말할 필요도 없을 것이다.

라마누잔(Srinivasa Ramanujan 1887~1920)

하디가 병으로 입원 중인 인도 수학자 라마누잔에게 병문안을 오면서 "지금 타고온 택시는 1729라는 재미없는 번호였다."라고 말하자, 라마누잔은 대뜸 이렇게 답했다. '아니, 그것은 매우 재미있는 숫자입니다. $1729=1^3+12^3=9^3+10^3$과 같이 2개의 3승의 합으로 2가지로 나타낼 수 있는 최소의 수이지요.' 라고 답했다고 한다. 이처럼 라마누잔의 발견은 신의 영감처럼 갑자기 머릿속에 떠오르는 것이었다. 물론 틀린 적도 많았지만, 훗날 다른 수학자들에 의해 위대한 발견임이 증명된 것도 많이 있다.

남인도의 작은 마을 에로데에서 태어난 라마누잔은 우연한 기회에 친구가 도서관에서 빌려온 간단한 수학 공식 사전을 통해 수학에 관심을 갖게 된다. 증명 등은 거의 생략하고 수백 가지의 정리와 공식만이 나열된 이 책을 가이드로 하여 그는 혼자 힘으로 수학 공부를 시작했다.

그의 천재적인 재능을 발견한 사람은 케임브리지 대학의 하디였다. 라마누잔은 하루 빨리 케임브리지 대학으로 유학하길 원했지만, 어머니가 바다를 건너면 신체가 더럽혀진다며 반대했다. 그러던 어느 날 어머니가 자신이 믿는 여신으로부터 "일생의 목적을 달성하려는 아들의 앞길을 막지 마라"는 음성을 듣게 되었고, 비로소 라마누잔은 유학을 떠날 수 있었다.

라마누잔은 분배함수의 성질에 관한 연구를 포함하여 정수학에 크게 이바지한 수학자로, 특히 근대수학에 대한 지식이 거의 없이 혼자 연구한 것임에도 연분수에 관한 한 당시의 어떤 수학자보다 뛰어나다는 평가를 받고 있다.

그는 50시간 동안 내내 연구하고 20시간을 내리 자는 불규칙한 생활을 계속하면서도, 엄격한 채식주의자로서 고기는 물론 우유나 달걀도 먹지 않았다. 아마도 이로 인한 영양실조가 원인이었는지 그는 결국 33세라는 젊은 나이에 결핵에 걸려 생을 다하고 말았다.

그가 죽을 때까지 연구한 내용은 1976년에야 발견됐는데, 이를 라마누잔의 '잃어버린 노트(Lost Notebooks)'라고 부른다. 이 노트의 이론 중에는 아직 증명되지 않은 것이 수백 가지나 있으며, 라마누잔의 공식을 증명하는 과정에서 새로운 수학적 원리가 발견되기도 한다.

위너(Norbert Wiener, 1894~1964)

사이버네틱스의 창시자로 유명한 미국의 전기 공학자

이자 수학자 위너는 9세 때 고등학교에 들어간 것을 시작으로 14세에 학사가 되고, 18세에 하버드 대학에서 박사 학위를 취득한 신동이었다. 그러나 사실 그 배경에는 공부를 강요하는 아버지가 있었다고 한다.

천재 소년이었던 위너는 6살 때 다음과 같은 글을 썼다.

"다른 아이들은 암산이나 필산으로 하는 것을 나는 손을 사용해서 했다. 특히 a×b=b×a와 같은 공리가 이해되지 않아서 많이 고민했다. 나는 이 공리를 납득하기 위해 a, b에 상당하는 수의 점을 정방형에 그리고, 그것을 90° 회전시켜 보았다. 구구단을 암기하는 데도 상당한 시간이 걸렸다. 암기에 관한 한 다른 모든 것도 마찬가지였다. 내가 혼란스러웠던 것은 덧셈, 뺄셈을 신속 정확하게 할 수 있게 하는 여러 가지 산수의 법칙, 이른바 교환·조합·분배의 법칙이 왜 옳은 것인지 이해하는 것이었다."

이처럼 천재들은 우리가 쉽사리 간과하는 문제에 대해 오히려 고민하는 것 같다.

그는 수학 분야에서 실함수론, 조화해석, 급수론, 확률론을 연구하였으며, 이밖에도 물리학, 전기통신공학, 신

경생리학, 정신병리학 등의 분야에서도 중요한 공헌을 하였다. 제2차 세계대전 중 전기 회로를 통해 자동 조절하는 자동 조준의 연구에 종사한 일을 계기로 그는 1948년 사이버네틱스라는 새로운 학문을 창시했다.

그리스 어로 '키잡이 kybernetes'를 의미하는 이 학문을 통해 위너는 동물과 기계의 제어와 통신을 일률적으로 다루려 했고, 인간의 정신 활동에서부터 사회 기구에까지 영향을 미칠 수 있는 통일과학을 수립하고자 했다.

옮긴이 / 정 회 성

일본 도쿄대학에서 비교문학을 공부하고 성균관대학교와
명지대학교를 거쳐 인하대학교 영문과 초빙교수로 재직
하면서 문학 전문 번역가로 활동하고 있다.
2012년 〈피그맨〉으로 IBBY(국제아동청소년도서협의회)
아너 리스트(Honor List) 번역 부문을 수상했다.
옮긴 책으로 〈1984〉, 〈에덴의 동쪽〉, 〈줄무늬 파자마를
입은 소년〉, 〈뚱보가 세상을 지배한다〉, 〈아마존 최후의
부족〉, 〈휴먼 코미디〉, 〈침대〉, 〈기적의 세기〉, 〈그가 미친
단 하나의 문제, 골드바흐의 추측〉 등이 있다.

어느 수학자의 변명

개정 1쇄 발행 2016년 11월 11일

제1판 12쇄 발행 2015년 8월 10일

제1판 1쇄 발행 2005년 11월 11일

지은이 G. H. 하디

펴낸이 소준선

펴낸곳 도서출판 세시

출판등록 제 3-553호

주소 서울 마포구 토정로 25길 태민B/D B1

Tel. (02)715-0066   Fax. (02)715-0033

값 12,000원